ORGANISATION

Prüf- und Dokumentationsmappe: Gefährdungsbeurteilungen

Sofort einsetzbare Arbeitshilfen, Formulare und Checklisten

FORUM Stand November 2025

Rechtliche Grundlagen

Firma/Einrichtung und Stempel

1. Pyramide des deutschen Arbeitsschutzrechts

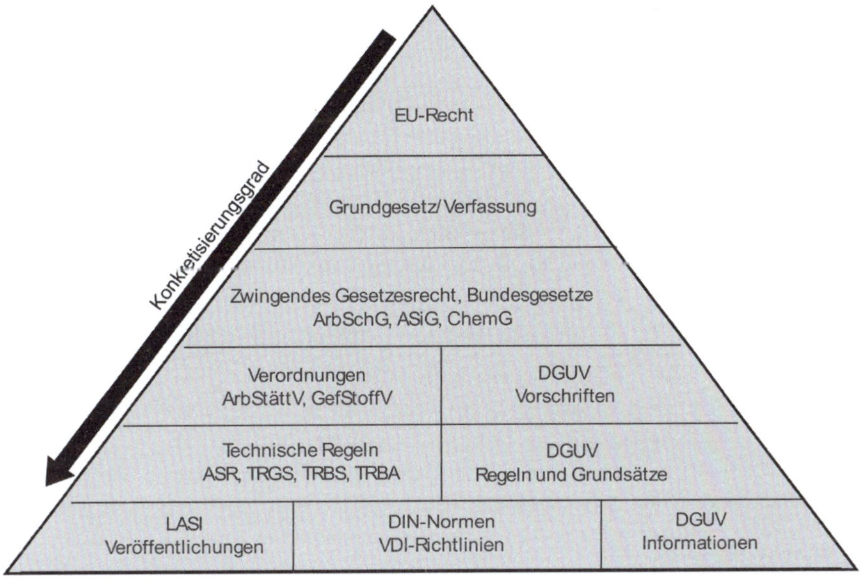

Internationales Abkommen

Als Mitglied hat sich Deutschland zur Einhaltung der International-Labour-Organisation-(ILO-)Abkommen verpflichtet.

EU-Recht

EU-Recht gibt sowohl in Rahmenrichtlinien (Vertrag über die EU (EUV), Vertrag über die Arbeitsweise der EU (AEUV)) als auch in den EU-Richtlinien Maßstäbe vor, die als Mindestvorschriften anzusehen sind. Die EU-Richtlinien werden im Amtsblatt der Europäischen Union veröffentlicht. Ihre Ziele sind von den einzelnen Mitgliedstaaten in nationales Recht umzusetzen.

Gesetze

Gesetze werden vom Bundestag beschlossen. Sie bedürfen oft der Zustimmung des Bundesrates und sind rechtsverbindlich.

Arbeitsschutzverordnungen

Die Bundesregierung ist nach § 18 ArbSchG ermächtigt, durch Rechtsverordnung mit Zustimmung des Bundesrates Arbeitsschutzverordnungen zu erlassen. Mit einer Arbeitsschutzverordnung werden Verpflichtungen zu Sicherheit am Arbeitsplatz und zum Gesundheitsschutz konkretisiert, deren Einhaltung durch den Arbeitgeber sicherzustellen ist. Die Verordnungen werden im Bundesgesetzblatt veröffentlicht.

Unfallverhütungsvorschriften

Unfallverhütungsvorschriften (DGUV-Vorschriften) werden basierend auf § 15 Absatz 1 SGB VII unter Mitwirkung der Unfallversicherungsträger (UV-Träger) in den Fachbereichen und Sachgebieten der Deutschen Gesetzlichen Unfallversicherung e.V. erarbeitet und als Satzungsrecht der UV-Träger erlassen. Sie sind für die Mitglieder des Unfallversicherungsträgers verbindlich. Der Erlass einer Unfallverhütungsvorschrift bedarf der Genehmigung der zuständigen Arbeitsschutzbehörde (beispielsweise Bundesministerium für Arbeit und Soziales oder oberste Arbeitsschutzbehörde eines Bundeslandes).

Technische/Arbeitsmedizinische Regeln

Technische Regeln/Arbeitsmedizinische Regeln werden von staatlichen Arbeitsschutzgremien erarbeitet. Sie konkretisieren Gesetze und Verordnungen zum Arbeits- und Gesundheitsschutz. Der Arbeitgeber kann bei Einhaltung der Technischen Regeln vermuten, dass die in Gesetzen und Verordnungen gestellten Anforderungen erfüllt sind. Die Technischen Regeln werden im Gemeinsamen Ministerialblatt (GMBl) veröffentlicht.

Wichtige Normen im Überblick	
Thema	**Regelwerk**
Gesetzliche Unfallversicherung	Siebentes Sozialgesetzbuch (SGB VII)
Verantwortung im Arbeitsschutz	• Vertrag über Arbeitsweise der EU, § 153 bzw. Richtlinie 89/391/EWG • Unfallverhütungsvorschrift DGUV Vorschrift 1 „Grundsätze der Prävention" • Bürgerliches Gesetzbuch (BGB), insbesondere §§ 618, 823, 831 • Ordnungswidrigkeitengesetz (OwiG, § 9) • Strafgesetzbuch (StGB), insbesondere §§ 13, 14
Betriebsarzt und Fachkraft für Arbeitssicherheit (Sifa)	• Arbeitssicherheitsgesetz (ASiG) • Unfallverhütungsvorschrift DGUV Vorschrift 2 „Betriebsärzte und Sifa"
Beschaffung von Arbeitsmitteln	• Betriebssicherheitsverordnung (BetrSichV) • Produktsicherheitsgesetz (ProdSG)/Verordnungen zum ProdSG (ProdSV)
Umgang mit biologischen Arbeitsstoffen	• Biostoffverordnung (BioStoffV) • Technische Regeln für Biologische Arbeitsstoffe (TRBA)
Umgang mit Gefahrstoffen	• Chemikaliengesetz (ChemG) • Gefahrstoffverordnung (GefStoffV) • Technische Regeln für Gefahrstoffe (TRGS)
Besonders geschützte Beschäftigungsgruppen	• Mutterschutzgesetz (MuSchG) • Verordnung zum Schutz der Mütter am Arbeitsplatz (MuSchArbV) • Jugendarbeitsschutzgesetz (JArbSchG) • Verordnung über den Kinderarbeitsschutz (KindArbSchV) • Sozialgesetzbuch IX (SGB IX), v. a. Prävention nach § 84 Abs. 2 • Lastenhandhabungsverordnung (LasthandhabV)
Erste Hilfe	• Siebtes Sozialgesetzbuch VII (SGB VII) • Unfallverhütungsvorschrift DGUV Vorschrift 1
Brandschutz	• Arbeitsschutzgesetz (ArbSchG) • Technische Regeln für Arbeitsstätten (ASR), z. B. ASR A2.2 • Unfallverhütungsvorschrift DGUV Vorschrift 1
Gefährdungsbeurteilung und Schutzmaßnahmen	• Arbeitsschutzgesetz (ArbSchG) • Arbeitsstättenverordnung (ArbStättV) • Betriebssicherheitsverordnung (BetrSichV) • Biostoffverordnung (BioStoffV) • Gefahrstoffverordnung (GefStoffV) • PSA-Benutzungsverordnung (PSA-BV) • Unfallverhütungsvorschrift DGUV Vorschrift 1 • Technische Regeln für Gefahrstoffe, z. B. TRGS 400 • Technische Regeln für Betriebssicherheit, z. B. TRBS 1111 • Technische Regeln für Arbeitsstätten, z. B. ASR V3 „Gefährdungsbeurteilung"
Prüfpflichten	• Betriebssicherheitsverordnung (BetrSichV) • Unfallverhütungsvorschriften, z. B. DGUV Vorschrift 3 „Elektrische Anlagen" • Technische Regeln für Betriebssicherheit, z. B. TRBS 1201
Arbeitsmedizinische Vorsorge	• Verordnung zur arbeitsmedizinischen Vorsorge (ArbMedVV) • Arbeitsmedizinische Regeln (AMR)
Sicherheitsunterweisung	• Arbeitsschutzgesetz (ArbSchG) • Arbeitsstättenverordnung (ArbStättV) • Biostoffverordnung (BioStoffV) • Gefahrstoffverordnung (GefStoffV) • Strahlenschutzverordnung (StrlSchV) • Unfallverhütungsvorschrift DGUV Vorschrift 1 „Grundsätze der Prävention" • Unfallverhütungsvorschrift DGUV Vorschrift 3 „Elektrische Anlagen …"
Strahlenschutz	• Strahlenschutzverordnung (StrlSchV)
Bauliche Anforderungen	• Arbeitsstättenverordnung (ArbStättV) • Technische Regeln für Arbeitsstätten (ASR)
Abfallentsorgung	• Kreislaufwirtschaftsgesetz (KrWG) • Abfallwirtschaftssatzungen
Verkehrssicherung	• Arbeitsstättenverordnung (ArbStättV) • Bürgerliches Gesetzbuch (BGB), v. a. §§ 829, 836 bis 838 und 842

2. Arbeitsschutzgesetz (ArbSchG)

Als „Rahmengesetz" fasst das Arbeitsschutzgesetz (ArbSchG) die Arbeitsschutzgrundsätze zusammen und ermöglicht den Erlass von konkretisierenden Rechtsverordnungen (§ 18) sowie allgemeinen Verwaltungsvorschriften (§ 24). In seinen wesentlichen Teilen richtet sich das Gesetz an den Arbeitgeber bzw. Unternehmer.

Nach § 5 ArbSchG hat der Arbeitgeber durch eine Beurteilung der für die Beschäftigten mit ihrer Arbeit verbundenen Gefährdung zu ermitteln, welche Maßnahmen des Arbeitsschutzes erforderlich sind. Damit verpflichtet das ArbSchG jeden Arbeitgeber zu einer Gefährdungsbeurteilung – unabhängig davon, ob es sich um einen Klein- oder Großbetrieb handelt.

Der Arbeitgeber muss durch eine Beurteilung der arbeitsbedingten Gefährdungen ermitteln, welche Arbeitsschutzmaßnahmen erforderlich sind. Die Gefährdungsbeurteilung ist damit eine wesentliche Grundlage für die Festlegung von Schutzmaßnahmen.

Der Arbeitgeber hat die Beurteilung je nach Art der Tätigkeiten vorzunehmen. Bei gleichartigen Arbeitsbedingungen ist die Beurteilung eines Arbeitsplatzes oder einer Tätigkeit ausreichend.

§ 5 Abs. 3 ArbSchG enthält eine nicht abschließende Aufzählung von möglichen Faktoren, aus denen sich eine Gefährdung ergeben kann:

- Gestaltung und Einrichtung der Arbeitsstätte und des Arbeitsplatzes
- Psychische Belastungen bei der Arbeit
- Physikalische, chemische und biologische Einwirkungen
- Gestaltung, Auswahl und Einsatz von Arbeitsmitteln, insbesondere von Arbeitsstoffen, Maschinen, Geräten und Anlagen sowie den Umgang damit
- Gestaltung von Arbeits- und Fertigungsverfahren, Arbeitsabläufen und Arbeitszeit und deren Zusammenwirken
- unzureichende Qualifikation und Unterweisung der Beschäftigten

Die Gefährdungsfaktoren haben je nach Betrieb unterschiedliches Gewicht und sind bei der Gefährdungsbeurteilung für die jeweiligen Arbeitsplätze bzw. Tätigkeiten zu konkretisieren.

3. Arbeitsstättenverordnung (ArbStättV)

Die ArbStättV enthält Mindestvorschriften für die Sicherheit und den Gesundheitsschutz der Beschäftigten beim Einrichten und Betreiben von Arbeitsstätten, darunter auch Baustellen.

Die „alte" Arbeitsstättenverordnung von 1975 wurde im Jahr 2004 grundlegend novelliert und auf den Inhalt der EG-Arbeitsstättenrichtlinie (89/654/EWG) reduziert. Mit der am 03.12.2016 in Kraft getretenen Novelle zur Änderung der ArbStättV (BGBl. I S. 2681) werden zentrale Begriffsbestimmungen (z. B. „Arbeitsplatz") in der ArbStättV verordnungsübergreifend klargestellt. Mit der Berücksichtigung der psychischen Belastungen im Rahmen der Gefährdungsbeurteilung wird künftig diesem wichtigen Belastungsschwerpunkt bei der Arbeit der Beschäftigten gezielt entgegengewirkt. Dies betrifft z. B. die Regelungen über eine angemessene Beleuchtung am Arbeitsplatz und die Sichtverbindung aus Arbeitsräumen nach außen. Die Arbeitsstättenverordnung – ArbStättV vom 12. August 2004 (BGBl. 2024 I S. 2179) wurde zuletzt durch Artikel 10 des Gesetzes (Cannabisgesetz) vom 27. März 2024 (BGBl. 2024 I Nr. 109) geändert. Die geänderte Verordnung ist am 1. April 2024 in Kraft getreten.

Das Thema „Gefährdungsbeurteilung" ist in § 3 ArbStattV festgeschrieben. Danach hat bei der Beurteilung der Arbeitsbedingungen der Arbeitgeber zunächst festzustellen, ob die Beschäftigten Gefährdungen beim Einrichten und Betreiben von Arbeitsstätten ausgesetzt sind oder ausgesetzt sein können. Ist dies der Fall, hat er alle möglichen Gefährdungen der Sicherheit und der Gesundheit der Beschäftigten zu beurteilen und dabei die Auswirkungen der Arbeitsorganisation und der Arbeitsabläufe in der Arbeitsstätte zu berücksichtigen.

Bei der Gefährdungsbeurteilung hat er die physischen und psychischen Belastungen sowie bei Bildschirmarbeitsplätzen insbesondere die Belastungen der Augen oder die Gefährdung des Sehvermögens der Beschäftigten zu berücksichtigen.

Entsprechend dem Ergebnis der Gefährdungsbeurteilung hat der Arbeitgeber Maßnahmen zum Schutz der Beschäftigten gemäß den Vorschriften dieser Verordnung einschließlich ihres Anhangs nach dem Stand der Technik, Arbeitsmedizin und Hygiene festzulegen.

Der Arbeitgeber hat sicherzustellen, dass die Gefährdungsbeurteilung fachkundig durchgeführt wird. Verfügt der Arbeitgeber nicht selbst über die entsprechenden Kenntnisse, hat er sich fachkundig beraten zu lassen.

Der Arbeitgeber hat die Gefährdungsbeurteilung vor Aufnahme der Tätigkeiten zu dokumentieren. In der Dokumentation ist anzugeben, welche Gefährdungen am Arbeitsplatz auftreten können und welche Maßnahmen durchgeführt werden müssen.

Um den Arbeitgebern und den vollziehenden Behörden die Anwendung der Arbeitsstättenverordnung in der Praxis zu erleichtern, werden vom Ausschuss für Arbeitsstätten erläuternde, rechtlich nicht verbindliche „Arbeitsstättenregeln" (ASR) erarbeitet. Ihnen kann entnommen werden, wie den in der Verordnung niedergelegten Anforderungen konkret entsprochen werden kann. Wendet der Arbeitgeber diese Regeln an, kann er davon ausgehen, dass die Überwachungsbehörde die getroffene Arbeitsschutzmaßnahme nicht beanstandet (Vermutungswirkung).

Künftig darf der Ausschuss für Arbeitsstätten zusätzlich zu den Regeln (ASR) und Erkenntnissen auch Empfehlungen für weitere Maßnahmen der Sicherheit und des Gesundheitsschutzes ausarbeiten.

Der Vollzug der Verordnung obliegt den staatlichen Arbeitsschutzaufsichtsbehörden (Gewerbeaufsichtsämter bzw. Ämter für Arbeitsschutz).

4. Technische Regel für Arbeitsstätten (ASR) V3 „Gefährdungsbeurteilung"

Die Technischen Regeln für Arbeitsstätten (ASR) konkretisieren die Anforderungen der Arbeitsstättenverordnung (ArbStättV). Die Gefährdungsbeurteilung dient als Instrument zur Beurteilung von Arbeitsbedingungen und soll eine Grundlage für Entscheidungen bezüglich des Arbeitsschutzes liefern. Gleichzeitig soll sie die Sicherheit und den Gesundheitsschutz in Arbeitsstätten verbessern.

Die Gefährdungsbeurteilung ist vor Aufnahme der Tätigkeiten durchzuführen und zu dokumentieren und muss regelmäßig überprüft und bei Bedarf aktualisiert werden. Dies ist insbesondere der Fall

- bei wesentlichen Veränderungen in der Arbeitsstätte,
- bei der Änderung von relevanten Rechtsvorschriften oder Technischen Regeln,
- bei neuen arbeitswissenschaftlichen Erkenntnissen bzw. Veränderungen des Stands der Technik, Arbeitsmedizin und Arbeitshygiene,
- nach dem Erkennen von kritischen Situationen,
- nach Bekanntwerden einer Behinderung bei Beschäftigten oder
- nach Arbeitsunfällen und Berufskrankheiten.

Um die Anforderungen an die Gefährdungsbeurteilung nach § 3 der Arbeitsstättenverordnung (ArbStättV) zu konkretisieren, hat der Ausschuss für Arbeitsstätten (ASTA) bei seiner 5. Sitzung am 06.04.2017 die Technische Regel ASR V3 „Gefährdungsbeurteilung" beschlossen. Diese wurde am 05.07.2017 im Gemeinsamen Ministerialblatt (GMBl. 2017 | S. 390–389, Nr. 22) veröffentlicht und ist seitdem in Kraft.

Für verantwortliche Personen dient die ASR V3 als Umsetzungshilfe zur Erfüllung der Vorgaben an die Sicherheit und den Gesundheitsschutz der Beschäftigten. Dabei gibt die ASR V3 „Gefährdungsbeurteilung" nicht nur vor, wann und wie die Gefährdungsbeurteilung an sich durchzuführen ist, sondern gibt Aufschluss über die Dokumentation und Überprüfungsgründe.

In zielführenden Prozessschritten werden folgende Fragen geklärt:

- Wie wird eine Gefährdungsbeurteilung vorbereitet?
- Wie werden Gefährdungen fachkundig ermittelt?
- Wie sind Gefährdungen zu beurteilen?
- Welche Maßnahmen müssen festgelegt werden?
- Wie werden die festgelegten Maßnahmen umgesetzt?
- Wann und wie müssen die festgelegten Maßnahmen überprüft und deren Wirkung kontrolliert werden?
- Wie ist der gesamte Prozess lückenlos zu dokumentieren?
- Wie wird die Gefährdungsbeurteilung fortgeschrieben?

5. Betriebssicherheitsverordnung (BetrSichV)

Die Betriebssicherheitsverordnung (BetrSichV) dient der Verbesserung des Arbeitsschutzes bei der **Nutzung von Arbeitsmitteln** durch Beschäftigte und dem Schutz Dritter beim **Betrieb überwachungsbedürftiger Anlagen**. Sie gilt nicht nur für Beschäftigte, sondern auch für Schülerinnen und Schüler, Studierende, in Heimarbeit Tätige sowie weitere Personengruppen (§ 2 Abs. 4 BetrSichV).

Ein zentrales Schutzziel ist die sichere Verwendung von Arbeitsmitteln, wobei die Verordnung dem Arbeitgeber eine hohe Flexibilität ermöglicht (§ 3 ff). Die Verantwortlichkeiten von Herstellern und Arbeitgebern sind klar voneinander abgegrenzt. Arbeitsmittel, die der Arbeitgeber bereitstellt, müssen den geltenden Vorschriften des EU-Binnenmarkts für Sicherheit und Gesundheitsschutz entsprechen.

Die BertrSichV legt besonderes Augenmerk auf Unfallschwerpunkte, insbesondere bei Instandhaltungsarbeiten, außergewöhnlichen Betriebszuständen, Störungen und möglichen Manipulationen. Darüber hinaus enthält sie spezielle Vorgaben zur alters- und alternsgerechten Gestaltung sowie zur Minimierung ergonomischer und psychischer Belastungen.

Ein weiterer zentraler Aspekt sind die Anforderungen an Gefährdungsbeurteilungen (§ 3), die vorgeschriebenen Prüfungen (einschließlich Dokumentation) und die zu treffenden Schutzmaßnahmen. Außerdem definiert die Verordnung hohe Anforderungen an die Qualifikation der Prüfer.

Inhalt der fünf Abschnitte der BetrSichV

Abschnitt 1 – Anwendungsbereich und Begriffsbestimmungen

Abschnitt 2 – Gefährdungsbeurteilung und Schutzmaßnahmen

Abschnitt 3 – Zusätzliche Vorschriften für überwachungsbedürftige Anlagen

Abschnitt 4 – Vollzugsregelungen und Ausschuss für Betriebssicherheit

Abschnitt 5 – Ordnungswidrigkeiten und Straftaten, Schlussvorschriften

Anhänge mit speziellen Anforderungen für bestimmte Arbeitsmittel und überwachungsbedürftige Anlagen

Anhang 1 – Besondere Vorschriften für bestimmte Arbeitsmittel

Anhang 2 – Prüfvorschriften für überwachungsbedürftige Anlagen

Anhang 3 – Prüfvorschriften für bestimmte Arbeitsmittel

6. Weitere Vorschriften und Normen

DGUV Vorschriften

Die DGUV Vorschriften sind rechtsverbindliche Unfallverhütungsvorschriften, die von den Unfallversicherungsträgern gemäß § 15 Abs. 1 SGB VII erlassen werden. Sie dienen der Festlegung präventiver Maßnahmen zum Schutz vor arbeitsbedingten Erkrankungen, Arbeitsunfällen und Berufskrankheiten.

Diese Vorschriften werden durch Genehmigung der zuständigen Arbeitsschutzbehörde (BMAS, Landesbehörden) in Fachbereichen und Sachgebieten der DGUV erarbeitet und erlassen. Die DGUV Vorschriften stellen Schutzziele dar und gelten für alle Mitglieder (Unternehmen) und alle Versicherten (Beschäftigte, Nicht-Beschäftigte, Selbstständige) rechtsverbindlich. Die Aufsichtsdienste der Unfallversicherungsträger sind berechtigt, angemeldete oder unangemeldete Kontrollen durchzuführen. Sie können bei Verstößen ein Bußgeldverfahren einleiten. Während die meisten Vorschriften tätigkeits- oder themenbezogene Sachverhalte für eine Branche regeln, gibt es auch allgemeine branchenübergreifende Vorschriften, die für alle gleichermaßen gelten, wie beispielsweise die DGUV Vorschrift 1 „Grundsätze der Prävention“ und die DGUV Vorschrift 2 „Betriebsärzte und Fachkräfte für Arbeitssicherheit“.

Die DGUV Vorschrift 1 „Grundsätze der Prävention“ enthält anzuwendende Maßnahmen (z. B. Grundpflichten, Beurteilung, Dokumentation und Auskunftspflicht der Arbeitsbedingungen, Unterweisungen, Befähigungen, Besichtigungen des Unternehmens, Maßnahmen bei Mängeln, Bestellung von Fachkraft für Arbeitssicherheit und Betriebsarzt, Bestellung von Sicherheitsbeauftragten, Maßnahmen bei besonderen Gefahren (Notfallmaßnahmen, Einflüsse von außen, die Erste-Hilfe-Regelung und die persönlichen Schutzausrüstungen u. v. m.) des staatlichen Arbeitsschutzrechts für alle Versicherten, d. h. auch für Versicherte, die keine Beschäftigten sind.

Die DGUV Vorschrift 2 „Betriebsärzte und Fachkräfte für Arbeitssicherheit“ definiert die Pflichten des Unternehmers zur Betreuung durch Betriebsärzte und Fachkräfte für Arbeitssicherheit. Neben der erforderlichen Fachkunde werden vor allem die betriebsärztlichen und sicherheitstechnischen Aufgaben beschrieben.

Hinweis: Die DGUV Vorschrift 2 erhielt eine verständlichere, zielgerichtete und modernere Anpassung. 2025 beginnen die ersten Unfallversicherungsträger mit der Inkraftsetzung der trägerspezifischen Fassungen.

DGUV Regelwerke

Die Regeln richten sich an Unternehmer und bieten Unterstützung (Hilfestellung) bei der Umsetzung der Pflichten aus staatlichen Arbeitsschutz- und Unfallverhütungsvorschriften. Sie zeigen auf, wie Arbeitsunfälle, Berufskrankheiten und arbeitsbedingte Gesundheitsgefahren effektiv vermieden werden können.

Im Wesentlichen sind diese Regeln Konkretisierungen von Inhalten aus:

- staatlichen Arbeitsschutzvorschriften (Gesetze, Verordnungen),
- Unfallverhütungsvorschriften,
- technischen Spezifikationen,
- sowie den praktischen Erfahrungen aus der Präventionsarbeit der Unfallversicherungsträger.

Im Unterschied zu den verbindlichen Unfallverhütungsvorschriften sind die Regeln nicht rechtsverbindlich, sondern als Empfehlungen zu verstehen. Sie bieten konkrete Maßnahmen, um die Arbeitsschutzpflichten des Arbeitgebers zu erfüllen. In Bereichen, in denen staatliche Rechtsvorschriften keine Regelungen vorsehen oder das zuständige Ministerium keinen Bedarf für eine gesetzliche Regelung festgestellt hat, können diese Regeln eingesetzt werden.

Ein Beispiel ist die DGUV Regel „Grundsätze der Prävention“ (DGUV Regel 100-001), die die Schutzziele der DGUV Vorschrift 1 „Grundsätze der Prävention“ konkretisiert und erläutert. Sie ist ebenso umfassend wie die zugrunde liegende Vorschrift und gibt Unternehmen die notwendigen Informationen, um die in der DGUV Vorschrift 1 festgelegten Unternehmerpflichten im Arbeitsschutz zu erfüllen. Zu den wesentlichen Punkten gehören:

- Der Arbeitgeber ist verpflichtet, die Sicherheit und den Gesundheitsschutz der Beschäftigten zu gewährleisten und gegebenenfalls zu verbessern, wobei die Gefährdungsbeurteilung der erste wichtige Schritt ist.
- Um Versicherte in die Lage zu versetzen, Sicherheits- und Gesundheitsrisiken zu erkennen und entsprechend zu handeln, müssen ihnen individuelle Informationen und Anweisungen zur jeweiligen Arbeitssituation gegeben werden. Die Unterweisung spielt hier eine zentrale Rolle.
- Der Arbeitgeber muss einen Alarmplan erstellen, der die Maßnahmen in Notfällen (z. B. Brand, Unfall, Einbruch, Überfall) festlegt. Diese Maßnahmen müssen den Beschäftigten im Rahmen von Unterweisungen bekannt gemacht werden. Der Alarmplan ist regelmäßig zu aktualisieren, insbesondere bei Änderungen wie Personalwechsel oder neuen Telefonnummern.

Als Methode der Gefährdungsbeurteilung ist die Begehung ein wesentlicher Faktor. Gleichartige Tätigkeiten können beispielhaft an einem Arbeitsplatz beurteilt werden, einzelne Abweichungen sind entsprechend zu beurteilen. Regelmäßige Prüfungen von Arbeitsmitteln und Einrichtungen sind darüber hinaus Teil der Gefährdungsbeurteilung (BetrSichV).

Wichtige DGUV Regeln sind:

- DGUV Regel 100–001 Grundsätze der Prävention – Regel zur Konkretisierung der DGUV Vorschrift 1
- DGUV Regel 100–002 Betriebsärztinnen und Betriebsärzte und Fachkräfte für Arbeitssicherheit – Regel zur Konkretisierung der DGUV Vorschrift 2
- DGUV Regel 100–500 Betreiben von Arbeitsmitteln

DGUV Informationen

Informationen, wie schon Regeln, enthalten Hinweise und Empfehlungen, die die praktische Anwendung von Regelungen zu einem bestimmten Sachgebiet oder Sachverhalt erleichtern sollen und die z. B. für bestimmte Branchen, Tätigkeiten, Zielgruppen konkrete praxisgeeignete Arbeitsschutzmaßnahmen vorstellen.

Wichtige DGUV Informationen sind:

- DGUV Information 209–098 Menschen und Arbeitsplatz – Wegweiser ergonomische Arbeitsgestaltung
- DGUV Information 211–042 Sicherheitsbeauftragten
- DGUV Information 250–012 Leitfaden für Betriebsärztinnen und Betriebsärzte zur Telemedizin

DGUV Grundsätze

Grundsätze enthalten Maßstäbe für bestimmte Verfahrensfragen, z. B. hinsichtlich der einheitlichen Durchführung von Prüfungen, Ausbildungen oder von arbeitsmedizinischen Untersuchungen.

- DGUV Grundsatz 311–003 Erstellung von Handlungshilfen zur Gefährdungsbeurteilung
- DGUV Grundsatz 309–001 Prüfung von Kranen
- DGUV Grundsatz 314–003 Prüfung von Fahrzeugen auf Betriebssicherheit
- DGUV Grundsatz 311–003 Prüfbuch für Hebebühnen

Verordnungen

Die **Arbeitsschutzverordnungen** – einschließlich der Arbeitsmedizinischen Vorsorgeverordnung (ArbMedV), der Arbeitsstättenverordnung (ArbStättV), der Betriebssicherheitsverordnung (BetrSichV) und der Gefahrstoffverordnung (GefSoffV) – legen die grundlegenden Sicherheitsstandards für den Schutz von Beschäftigten am Arbeitsplatz fest. Gemeinsam mit den **Technischen Regeln** bilden diese Verordnungen die Basis für die Identifikation von Gefährdungen und die Definition notwendiger Schutzmaßnahmen.

Begehungen, Prüfungen und Kontrollen spielen eine zentrale Rolle, um sicherzustellen, dass die festgelegten Standards eingehalten und kontinuierlich überwacht werden.

Arbeitsmedizinische Vorsorgeverordnung (ArbMedVV)

Die ArbMedVV legt fest, wie Beschäftigte über gesundheitliche Risiken ihrer Tätigkeit aufgeklärt und informiert werden müssen. Arbeitgeber sowie Betriebsärzte sind verpflichtet, die Tätigkeiten, Arbeitsmittel und Arbeitsbedingungen umfassend zu bewerten, um daraus notwendige Schutzmaßnahmen abzuleiten. Ziel ist es, die Arbeitskraft zu erhalten, ein betriebliches Gesundheitskonzept zu fördern und die Beschäftigten im sicheren Umgang mit gesundheitlichen Belastungen zu unterstützen.

Eine **individuelle Beurteilung** ist dabei entscheidend. Die daraus abgeleiteten Präventionsmaßnahmen müssen in die Organisation des Arbeitsschutzes integriert und – soweit erforderlich – in die **Gefährdungsbeurteilung** aufgenommen werden. Daraus ergibt sich die **Pflicht des Arbeitgebers** (§ 3 ArbMedVV), auf Basis dieser Beurteilung eine angemessene arbeitsmedizinische Vorsorge sicherzustellen. Um eine vollständige Einschätzung aller Gegebenheiten und möglichen Gefährdungen zu gewährleisten, muss der Arbeitgeber

- eine Betriebsärztin oder einen Betriebsarzt beauftragen (Anforderungen nach § 7 ArbMedVV sind einzuhalten),
- alle notwendigen Informationen bereitstellen,
- und eine **Begehung der Arbeitsstätte** ermöglichen.

Strafbar macht sich jeder, der das Leben oder die Gesundheit von Mitarbeitenden durch vorsätzliche Verstöße gegen diese Verordnung oder durch vorsätzliche Ordnungswidrigkeiten gefährdet.

Pflichten von Betriebsärzten bei arbeitsmedizinischer Vorsorge (§ 6 ArbMedV)

Bei der arbeitsmedizinischen Vorsorge sind die ArbMedVV-Vorgaben hinsichtlich **Pflicht- und Angebotsvorsorge** zu beachten:

- Kenntnisnahme der **Arbeitsplatzsituation** vor der Vorsorgemaßnahme z. Beurteilung arbeitsbedingter Gefährdungen
- Aufklärung der Beschäftigten über Zweck und Risiken vor Durchführung körperlicher oder klinischer Untersuchungen
- Diese Untersuchungen dürfen nicht gegen den Willen des oder der Beschäftigten erfolgen.
- Biomonitoring bei Verfügbarkeit arbeitsmedizinisch anerkannter Analyseverfahren und Auswertemöglichkeiten
- Biomonitoring darf nicht gegen den Willen der oder des Beschäftigten durchgeführt werden.
- Impfungen sind Beschäftigten bei höherem Infektionsrisiko gegenüber der Allgemeinbevölkerung anzubieten.
- Ergebnis und Befunde der Vorsorge sind schriftlich zu **dokumentieren** und mit dem Beschäftigten zu beraten. Sie sind dem Beschäftigten auf Wunsch zur Verfügung zu stellen.
- Das Beratungsgespräch umfasst eine Anamnese einschließlich einer Arbeitsanamnese.
- Es ist eine Vorsorgebescheinigung für den Beschäftigten und den Arbeitgeber auszustellen. Sie beinhaltet:
- Anlass und Datum des Vorsorgetermins und Angabe, wann eine weitere arbeitsmedizinische Vorsorge angezeigt ist.
- Ist ein Tätigkeitswechsel zu empfehlen, ist das Einverständnis des Beschäftigten erforderlich.
- Die ärztliche Schweigepflicht ist zu beachten.

Ergeben sich aus den Untersuchungen notwendige Änderungen für den Arbeitsschutz im Unternehmen, ist der Arbeitgeber zu informieren und mögliche Maßnahmen sind zu empfehlen. Gemeinsam werden dann neue Schutzmaßnahmen erarbeitet.

Pflichtvorsorge (§ 4 ArbMedVV)

Eine Pflichtvorsorge ist erforderlich, wenn am Arbeitsplatz mit Arbeitsstoffen umgegangen wird, die Gefahrenpotenzial beinhalten, sowie bei Tätigkeiten, die eine hohe physische Belastung mit sich bringen. Gefährliche Arbeitsstoffe sind sowohl Gefahrstoffe, also Chemikalien, sowie Biostoffe wie Viren und Bakterien. Der Arbeitgeber hat diese Pflichtvorsorgeuntersuchungen vor Aufnahme der jeweiligen Tätigkeit sowie in bestimmten zeitlichen Abständen zu veranlassen. Der Arbeitnehmer darf die Tätigkeit ohne entsprechende Vorsorge nicht aufnehmen.

Wann eine Pflichtvorsorge vorgeschrieben ist, ist im Anhang der ArbMedVV im Detail charakterisiert. Eine **Pflichtvorsorge** muss unter anderem bei

- gezielten Tätigkeiten mit einem biologischen Arbeitsstoff der Risikogruppe 4,
- bei Tätigkeiten mit extremer Hitzebelastung, die zu einer besonderen Gefährdung führen kann,
- bei Tätigkeiten mit extremer Kältebelastung (unter –25 °C),
- bei Tätigkeiten mit hoher Lärmexposition,
- bei Tätigkeiten, die mit Taucharbeiten verbunden sind
- und auch bei Tätigkeiten, bei denen hohe Expositionswerte für Laserstrahlung auftreten (§ 6 OStrV),

erfolgen. Im Anhang der ArbMedVV werden außerdem Tätigkeiten aus dem Bereich der Angebotsvorsorge beschrieben.

Angebotsvorsorge (§ 5 ArbMedVV)

Bei verschiedenen Tätigkeiten, die ein gesundheitliches Risiko beinhalten, muss vom Arbeitgeber eine Vorsorgeuntersuchung angeboten werden. Die betroffenen Mitarbeitenden sind jedoch nicht verpflichtet, das Angebot anzunehmen. Ungeachtet dessen muss diese Untersuchung in regelmäßigen Abständen angeboten werden. Erkrankt ein Mitarbeitender wegen der ausgeübten Tätigkeit oder steht die Erkrankung im Verdacht, mit der Tätigkeit zusammenzuhängen, so ist der Arbeitgeber verpflichtet, diesem Mitarbeitenden eine Vorsorge anzubieten. Wird diese oder eine sehr ähnliche Tätigkeit auch von anderen Mitarbeitenden ausgeführt, so ist diesen ebenfalls eine Vorsorgeuntersuchung anzubieten. Hat ein Mitarbeitender eine Tätigkeit mit einem entsprechenden Gefährdungspotenzial beendet und es besteht der Verdacht, dass es nach einer Latenzzeit zu einer Erkrankung kommen kann, so ist vonseiten des Arbeitgebers eine Vorsorge anzubieten. Nach Beendigung des Beschäftigungsverhältnisses geht diese Pflicht an die gesetzlichen Unfallversicherungen über.

Wunschvorsorge (§ 5a ArbMedVV)

Kann bei bestimmten Tätigkeiten eine gesundheitliche Gefährdung nicht ausgeschlossen werden, so hat der Arbeitgeber auf Wunsch des Mitarbeitenden eine Wunschvorsorge anzubieten. Ist allerdings aufgrund der Gefährdungsbeurteilung und eventuell gemessener Daten ein Gesundheitsschaden nicht zu erwarten, so kann der Arbeitgeber die Forderung nach einer Wunschvorsorge ausschlagen.

Betriebssicherheitsverordnung (BetrSichV)

Die Gefährdungsbeurteilung ist in § 3 BetrSichV vorgeschrieben. Weiter ausgeführt werden die Vorgaben in der Technischen Regel für Betriebssicherheit (TRBS) 1111 „Gefährdungsbeurteilung" (03/2018). Gefährdungsbeurteilungen im Sinne der die Betriebssicherheitsverordnung (BetrSichV) konkretisierenden TRBS 1111 dienen der systematischen Ermittlung von Gefährdungen der Beschäftigten, die nach fachkundiger Einschätzung und vorliegender Erfahrung des Arbeitgebers bei der Verwendung von Arbeitsmitteln auftreten und berücksichtigt werden müssen.

Die Vorgaben der Technischen Regel sollen die Vorgehensweise bei der Durchführung der Gefährdungsbeurteilung nach § 3 BetrSichV näher erläutern. Ziel der nach BetrSichV durchzuführenden Gefährdungsbeurteilung ist es, die Gefährdungen, die bei der Verwendung von Arbeitsmitteln durch Beschäftigte auftreten, zu beurteilen und davon ausgehend nötige und geeignete Schutzmaßnahmen abzuleiten.

Wichtig: Bei der Beurteilung von überwachungsbedürftigen Anlagen (nach § 2 Abs. 13 BetrSichV) muss auch der Schutz weiterer Personen im Gefahrenbereich (z. B. Kunden oder Besucher) beachtet werden.

Im Mai 2019 wurde die Technische Regel geändert sowie ergänzt und sie enthält nun in Anhang 2 ausgewählte Beispiele zur korrekten Dokumentation der Ergebnisse der Gefährdungsbeurteilung.

Technische Regeln für Betriebssicherheit (TRBS)

Die TRBS **konkretisieren** die Betriebssicherheitsverordnung (BetrSichV) hinsichtlich der Ermittlung und Bewertung von Gefährdungen sowie der Ableitung von geeigneten Maßnahmen. Bei Anwendung der beispielhaft genannten Maßnahmen kann der Arbeitgeber die Vermutung der Einhaltung der Vorschriften der Betriebssicherheitsverordnung geltend machen (Vermutungswirkung). Wählt der Arbeitgeber eine andere Lösung, hat er eine gleichwertige Erfüllung der Verordnung schriftlich nachzuweisen. Die TRBS geben den Stand der Technik, der Arbeitsmedizin und Hygiene sowie entsprechende Regeln und sonstige gesicherte arbeitswissenschaftliche Erkenntnisse für die Bereitstellung der Arbeitsmittel, die Benutzung von Arbeitsmitteln und den Betrieb von überwachungsbedürftigen Anlagen wieder.

Neben den TRBS erarbeitet der Ausschuss für Betriebssicherheit (ABS), der das BMAS zur BetrSichV berät, **„Empfehlungen zur Betriebssicherheit"** (EmpfBS). Der Unterschied zu den TRBS ist, dass bei Anwendung der EmpfBS geprüft werden muss, ob die Vorgaben der BetrSichV eingehalten werden. Die Vermutungswirkung greift nicht. Die Einhaltung der

EmpfBS führt nicht zur Umkehr der Beweislast im Schadensfall. Sowohl TRBS als auch EmpfBS werden im Gemeinsamen Ministerialblatt (GMBl) bekannt gemacht. Eine Übersicht über die TRBS und EmpfBS ist auf der Internetseite der Bundesanstalt für Arbeitsschutz und Arbeitsmedizin unter www.baua.de zu finden.

Gefahrstoffverordnung (GefStoffV) und Technische Regeln

Nach § 1 der Gefahrstoffverordnung ist das Ziel der Verordnung, Menschen und Umwelt vor **stoffbedingten Schädigungen** zu schützen. Die Verordnung enthält Regelungen zur Einstufung, Kennzeichnung und Verpackung gefährlicher Stoffe, Maßnahmen zum Schutz der Beschäftigten beim Umgang mit Gefahrstoffen sowie Beschäftigungsbeschränkungen und Regelungen für das Inverkehrbringen von Stoffen. Der Arbeitgeber wird durch die GefStoffV zur Gefährdungsbeurteilung verpflichtet. Er muss feststellen, ob Beschäftigte Tätigkeiten mit Gefahrstoffen ausüben oder ob bei ihren Tätigkeiten Gefahrstoffe entstehen oder freigesetzt werden können (§ 6 GefStoffV). Je nach Gefahrenlage müssen Schutzmaßnahmen festgelegt und auf ihre Wirksamkeit regelmäßig überprüft werden.

Weiter ausgeführt werden die Vorgaben in der Technischen Regel für Gefahrstoffe (TRGS) 400 „Gefährdungsbeurteilung für Tätigkeiten mit Gefahrstoffen“ (07/2017). Die TRGS 400 stellt Vorgehensweisen zur Informationsermittlung und Gefährdungsbeurteilung nach § 6 GefStoffV vor. Grundsätzlich gilt es bei der Gefährdungsbeurteilung die mit den Tätigkeiten verbundenen inhalativen (durch Einatmen), dermalen (durch Hautkontakt), oralen (durch Verschlucken) und physikalisch-chemischen (z. B. Brand- und Explosionsgefährdungen) sowie sonstige durch Gefahrstoffe bedingte Gefährdungen zu berücksichtigen. Zusätzlich werden die gefahrstoffspezifischen Aspekte der Gefährdungsbeurteilung nach GefStoffV ergänzt durch folgende TRGS:

- TRGS 401 „Gefährdung durch Hautkontakt – Ermittlung, Beurteilung, Maßnahmen“
- TRGS 402 „Ermitteln und Beurteilen der Gefährdungen bei Tätigkeiten mit Gefahrstoffen: Inhalative Exposition“
- TRGS 406 „Sensibilisierende Stoffe für die Atemwege“
- TRGS 407 „Tätigkeiten mit Gasen – Gefährdungsbeurteilung“
- TRGS 720/721 „Gefährliche explosionsfähige Atmosphäre – Allgemeines“ und „Gefährliche explosionsfähige Atmosphäre – Beurteilung der Explosionsgefahrdung“
- TRGS 800 „Brandschutzmaßnahmen“

Biostoffverordnung (BioStoffV)

Die Gefährdungsbeurteilung ist in §§ 4 – 7 BioStoffV vorgeschrieben. Weiter ausgeführt werden die Vorgaben in der Technischen Regel für Biologische Arbeitsstoffe (TRBA) 400 „Handlungsanleitung zur Gefährdungsbeurteilung und für die Unterrichtung der Beschäftigten bei Tätigkeiten mit biologischen Arbeitsstoffen“ (07/2018).

Die TRBA 400 unterstützt den Arbeitgeber bei der Ermittlung und Beurteilung der Gefährdungen, die bei Tätigkeiten mit Biostoffen auftreten. Im Juli 2018 wurde zusätzlich die Ergänzung „Berücksichtigung psychischer Belastungen bei Tätigkeiten mit Biostoffen“ sowie die zugehörige Anlage „Weitergehende Informationen zur Berücksichtigung möglicher Auswirkungen psychischer Belastungen für die Gefährdungsbeurteilung bei Tätigkeiten mit Biostoffen“ aufgenommen.

Weitere Verordnungen und Standards

Weitere Verordnungen, die in Abhängigkeit vom Arbeitsplatz und der Tätigkeit bei der Durchführung der Gefährdungsbeurteilung zu beachten sein können, sind z. B.:

- Baustellenverordnung
- Lastenhandhabungsverordnung
- Lärm- und Vibrations-Arbeitsschutzverordnung (LärmVibrationsArbSchV) und Technische Regeln TRLV Lärm sowie TRLV Vibrationen
- Strahlenschutzverordnung
- Verordnung zu künstlicher optischer Strahlung (OStrV) und Technische Regeln TROS
- Verordnung zu elektromagnetischen Feldern (EMFV) und Technische Regeln TREMF
- Verordnung zur arbeitsmedizinischen Vorsorge (ArbMedVV) und Arbeitsmedizinische Regel AMR 3.2
- Mutterschutzgesetz (MuSchG)
- Jugendarbeitsschutzgesetz (JArbSchG)
- PSA-Benutzungsverordnung (PSA-BV)

Herangezogen werden können zudem freiwillige Standards wie DIN-Normen, z. B.:

- DIN EN 29241-2 „Ergonomische Anforderungen für Bürotätigkeiten mit Bildschirmgeräten; Teil 2: Anforderungen an die Arbeitsaufgaben“
- DIN EN ISO 10075 „Ergonomische Grundlagen bezüglich psychischer Arbeitsbelastung“ – Teil 1: Allgemeine Aspekte und Konzepte und Begriffe (01/2018), Teil 2: Gestaltungsgrundsätze (06/2000)
- DIN EN 12464-1 „Licht und Beleuchtung – Beleuchtung von Arbeitsstätten – Teil 1: Arbeitsstätten in Innenraumen“
- DIN EN 12665 „Licht und Beleuchtung – Grundlegende Begriffe und Kriterien für die Festlegung von Anforderungen an die Beleuchtung“

Derartige Normen bilden den Stand der Technik ab, sodass davon ausgegangen werden kann, dass deren Einhaltung die gesicherten arbeitswissenschaftlichen Erkenntnisse berücksichtigt.

Verantwortung und Haftung

Firma/Einrichtung und Stempel

Verantwortung

„Arbeitsschutz" bedeutet ganz allgemein: Schutz aller Beschäftigten bei der Arbeit. Die Verantwortung, die Beschäftigten bei der Arbeit zu schützen, trifft in erster Linie den Arbeitgeber („Betreiber"), in dessen unternehmerischem Interesse es liegen muss, Arbeitsunfälle und arbeitsbedingte Gesundheitsgefahren zu vermeiden und die Arbeit menschengerecht zu gestalten.

Der Arbeitgeber ist in der Pflicht, alle erforderlichen Maßnahmen zu ergreifen, um die Sicherheit und die Gesundheit der Beschäftigten bei der Arbeit sicherzustellen und zu verbessern. Daher liegt es auch am Arbeitgeber, eine Gefährdungsbeurteilung durchzuführen und dafür Sorge zu tragen, dass die Ergebnisse umgesetzt werden.

Allerdings kann er im Rahmen der Übertragung von Unternehmerpflichten die Pflicht zum Erstellen einer Gefährdungsbeurteilung an von ihm beauftragte Personen abtreten oder diese ganz oder teilweise an zuverlässige, fachkundige Personen übertragen. Dies ist vor allem dann sinnvoll, wenn der Arbeitgeber die am Arbeitsplatz auftretenden Gefahren nur schwer oder nicht ausreichend einschätzen kann. Das Einbinden der Beschäftigten in den Prozess der Gefährdungsbeurteilung ist ebenfalls essenziell. Mit ihrer Hilfe können Gefährdungen besser wahrgenommen und realistisch beurteilt werden. Zudem hilft die Beteiligung der Beschäftigten, effektive Schutzmaßnahmen zu finden, die unterstützt und akzeptiert werden. Auch Betriebsräte haben gem. § 87 Abs. 1 Nr. 7 Betriebsverfassungsgesetz ein umfassendes Mitbestimmungsrecht im Hinblick auf die Gefährdungsbeurteilung.

Fachkräfte für Arbeitssicherheit und Betriebsärzte stehen dem Arbeitgeber beratend zur Seite, indem sie ihm z. B. Vorschläge zum methodischen Vorgehen unterbreiten, über Kriterien zur Risikobewertung informieren, durch Begehungen, Überprüfungen und Untersuchungen Ursachen für Unfälle und arbeitsbedingte Gesundheitsgefährdenden ermitteln sowie Vorschläge für Schutzmaßnahmen unterbreiten.

Des Weiteren ist der Arbeitgeber verpflichtet, die Ergebnisse der Gefährdungsbeurteilung zu dokumentieren.

Beurteilungskriterien der Aufsichtspersonen

Eine Gefährdungsbeurteilung wurde angemessen durchgeführt, wenn

- die betriebliche Gefährdungsbeurteilung im Wesentlichen durchgeführt und zutreffend bewertet wurde,
- Maßnahmen des Arbeitgebers ausreichend und geeignet sind,
- Wirksamkeitskontrollen durchgeführt werden,
- die Beurteilung aktuell ist und
- die Dokumentation in Form und Inhalt angemessen vorliegt.

Eine Gefährdungsbeurteilung wurde nicht angemessen durchgeführt, wenn

- die betriebliche Gefährdungssituation unzutreffend bewertet wurde,
- wesentliche Gefährdungen des Arbeitsplatzes/der Tätigkeit nicht ermittelt wurden,
- besondere Personengruppen nicht berücksichtigt wurden,
- Maßnahmen des Arbeitgebers nicht ausreichend oder ungeeignet sind,
- keine oder unvollständige Wirksamkeitskontrollen durchgeführt wurden,
- die Beurteilung nicht aktuell ist,
- erforderliche Unterlagen des Arbeitgebers nicht aussagefähig bzw. plausibel sind.

Haftung

Die Verantwortung für die erstellten Gefährdungsbeurteilungen liegt immer beim Arbeitgeber, da er lediglich die *Pflicht zum Erstellen* der Gefährdungsbeurteilung übertragen kann, nicht aber die *Verantwortung*. Es ist weiterhin seine Aufgabe, dafür Sorge zu tragen, dass

- die Gefährdungsbeurteilung durchgeführt wird,
- die erforderlichen Maßnahmen getroffen werden,
- die Beurteilung dokumentiert wird und
- die Wirksamkeit der getroffenen Maßnahmen überprüft wird.

Die Fachkraft für Arbeitssicherheit oder der Betriebsarzt stehen lediglich beratend zur Seite und sind für falsche Gefährdungsbeurteilungen nicht haftbar. Sie sind jedoch für die Richtigkeit ihrer Beratung verantwortlich und müssen sicherstellen, dass sie ihren Beauftragtenpflichten ordnungsgemäß nachgekommen sind.

Gefährdungsbeurteilungen, die nicht, falsch oder unvollständig dokumentiert wurden, können dabei bis zu 5.000 Euro Bußgeld nach sich ziehen (gem. § 9 ArbStättV, § 25 ArbSchG).

Durchführung der Gefährdungsbeurteilung

Firma/Einrichtung und Stempel

Allgemeines

Für die Art und Weise, wie der Prozess der Gefährdungsbeurteilung durchzuführen ist, liefert die Technische Regel für Arbeitsstätten ASR V3 „Gefährdungsbeurteilung" Vorgaben. In der Praxis bewährt haben sich die folgenden Prozessschritte:

1. Vorbereiten der Gefährdungsbeurteilung
2. Ermitteln der Gefährdungen
3. Beurteilen der Gefährdungen
4. Festlegen von Maßnahmen
5. Umsetzen der Maßnahmen
6. Überprüfen der Wirksamkeit der Maßnahmen
7. Dokumentation
8. Fortschreiben der Gefährdungsbeurteilung

Der regelungskreisartige Ablauf der Gefährdungsbeurteilung bezweckt die Sicherheit und Gesundheit der Beschäftigten. In der in sich geschlossenen Gefährdungsbeurteilung erfolgt die Rückinformation nach der Wirksamkeitskontrolle. Waren die Maßnahmen erfolgreich, wird die Gefährdungsbeurteilung fortgeschrieben. Bei Nichterreichen des Arbeitsschutzziels sind die notwendigen Schritte erneut zu durchlaufen, so lange, bis die Maßnahmen greifen.

Beim Beurteilen der Arbeitsbedingungen sind die Gefährdungen für die Beschäftigten beim Einrichten sowie beim Betreiben der Arbeitsstätte getrennt zu berücksichtigen. Der Arbeitgeber beurteilt die Gefährdungen, welchen der Beschäftigte ausgesetzt sein kann oder ausgesetzt ist. Die einzelnen Gefährdungen sind unabhängig voneinander, unter Beachtung der gegenseitigen Einflussnahme, zu ermitteln und zu beurteilen. Mögliche Wechselwirkungen zwischen Arbeitsmitteln, Arbeitsstoffen, Arbeitsabläufen, der Arbeitsorganisation sowie den Gefährdungsfaktoren sind zu berücksichtigen.

Vorbereiten der Gefährdungsbeurteilung

Die mitwirkenden Personen legt der Arbeitgeber in diesem Prozessschritt fest; dabei achtet er auf Verantwortlichkeiten im Betrieb und notwendige Kompetenzen wie die Fachkunde.

Alle im Betrieb tätigen Personen werden über die Ziele und das Verfahren zur Gefährdungsbeurteilung informiert. Der Prozess wird damit für alle transparent und die Akzeptanz für das systematische Beurteilen der Arbeitsbedingungen steigt.

Der Arbeitgeber legt die Arbeitsbereiche bzw. Arbeitsplätze, Tätigkeiten oder Tätigkeitsgruppen fest. Dabei können ihn der Arbeitsschutzausschuss oder fachkundige Personen unterstützen.

Bei der Auswahl des Ortes ist es wichtig, die Struktur des Betriebs und ggf. die Gepflogenheiten der Beschäftigten zu kennen sowie zu wissen, wo und wodurch sich Gefährdungen ergeben.

Erste Hinweise hierzu geben Stellen- oder Tätigkeitsbeschreibungen, Betriebsanleitungen, Unfallanzeigen, Krankheitsstatistiken, Verbandbücher, arbeitsbedingte Erkrankungen und Berufskrankheiten im Betrieb sowie Berichte der Betriebsärzte etc.

Gefährdungen ergeben sich besonders durch

- die Gestaltung und Einrichtung der Arbeitsstätte und des Arbeitsplatzes,
- die Gestaltung, die Auswahl und den Einsatz von Arbeitsmitteln, insbesondere von Arbeitsstoffen, Maschinen, Geräten und Anlagen sowie den Umgang damit,
- die Gestaltung von Arbeits- und Fertigungsverfahren, Arbeitsabläufen und Arbeitszeit und deren Zusammenwirken,
- eine unzureichende Qualifikation und Unterweisung der Beschäftigten,
- Arbeitsumgebungsbedingungen wie Klima (Lufttemperatur, -feuchte, -geschwindigkeit, Wärmestrahlung), Beleuchtung, Lärm und Strahlung,
- physikalische, chemische und biologische Einwirkungen,
- psychische Belastungen bei der Arbeit sowie
- die Belastung der Augen bei Bildschirmarbeitsplätzen oder die Gefährdung des Sehvermögens.

Überlegenswert ist, mit bereichsübergreifenden Anforderungen an die Arbeitsstätte, wie z. B. dem Brandschutz, zu beginnen und anschließend mit der Gefährdungsbeurteilung an Arbeitsplätzen oder Tätigkeitsgruppen fortzufahren, d. h. vom großen Übergreifenden zum Detaillierten vorzugehen.

FORUM

Zu berücksichtigen sind insbesondere

- Beschäftigte mit arbeitsbereichsübergreifenden Tätigkeiten, wie z. B. Hausmeister,
- besondere Personengruppen, wie z. B. Jugendliche, werdende und stillende Mütter, Menschen mit Behinderung, Praktikanten sowie Betriebsfremde oder
- die Arbeitsplätze, an denen Beschäftigte mehrerer Arbeitgeber tätig werden.

Ein Dokumentieren dieses Schritts der Gefährdungsbeurteilung ist rechtlich nicht gefordert, aber es empfiehlt sich, die Entscheidungsprozesse zu protokollieren.

Ermitteln der Gefährdungen

Der Arbeitgeber muss sämtliche Gefährdungen feststellen, welche die Sicherheit und die Gesundheit der Beschäftigten in der Arbeitsstätte gefährden. Dabei sind die gewählten Arbeitsbereiche, Tätigkeitsgruppen, besondere Personengruppen etc. sukzessive zu berücksichtigen. Das fachkundige Ermitteln dient dem systematischen Erkennen der Gefährdungen, Belastungen sowie deren Ursache beim Planen, Einrichten und im Betrieb der Arbeitsstätte. Dabei ist zu beachten, dass sämtliche Betriebszustände auf dem „Prüfstand" stehen. Häufig tauchen andere Gefährdungen auf, wenn gerade nicht der Normalbetrieb herrscht, z. B. beim Einrichten und Erproben, bei Montage-, Instandhaltungs-, Transportarbeiten sowie bei Störungen.

Die zur Vorbereitung des Prozesses eruierten Informationen können jetzt speziell tätigkeitsbezogen bzw. arbeitsbereichsweise berücksichtigt werden. Einschlägige Vorschriften und Regelwerke, Technische Regeln, Herstellerdaten oder behördliche Anordnungen sind hilfreich zur Gefährdungsermittlung. Die ermittelten Gefährdungen sind zu dokumentieren.

Beurteilen der Gefährdungen

Der Arbeitgeber beurteilt die ermittelten Gefährdungen dahingehend, ob Arbeitsschutzmaßnahmen notwendig sind, um das Schutzziel zu erreichen. Beim Beurteilen der Gefährdungen berücksichtigt der Arbeitgeber die Auswirkungen der Arbeitsorganisation und der Arbeitsabläufe in der Arbeitsstätte.

Zum Beurteilen der Gefährdung sind zunächst Beurteilungsmaßstäbe gemäß Pkt. 5.3.1 ASR V3 (Sollwerte), z. B. Grenz- oder Richtwerte, Auslöse- bzw. Schwellenwerte, notwendig. Diese sind meist in Vorschriften- und Regelwerken zu finden, z. B. in Gesetzen, Verordnungen und Technischen Regeln. Fehlen solche rechtlichen Werte, sind diese nach Pkt. 5.3.1 Abs. 4 ASR V3 durch den Arbeitgeber eigenständig zu entwickeln und festzulegen, wobei er den Stand der Technik, Arbeitsmedizin und Hygiene sowie sonstige gesicherte arbeitswissenschaftliche Erkenntnisse zu berücksichtigen hat. Eine Pflicht zur Dokumentation des Beurteilungsmaßstabs (Sollwerte) besteht nicht; jedoch ist zu empfehlen, die Entscheidungsfindung festzuhalten.

Der Arbeitgeber vergleicht jede einzelne ermittelte Gefährdung des Planungs- oder Istzustands mit dem Beurteilungsmaßstab (Sollwerte) und beurteilt diese. Wie beim Ermitteln von Gefährdungen sind auch beim Beurteilen alle gefährdeten Beschäftigen, sonstige Personen in der Arbeitsstätte, sämtliche Betriebszustände und besonders die Wechselwirkung der einzelnen Gefährdungsfaktoren zu betrachten.

Festlegen von Maßnahmen

Sind als Folge der beurteilten Gefährdungen Maßnahmen des Arbeitsschutzes nötig, sind diese unter der Verantwortung des Arbeitgebers zu generieren. Die festzulegenden Maßnahmen des Arbeitsschutzes basieren auf den allgemeinen Grundsätzen des § 4 ArbSchG, den speziellen aus § 3a ArbStättV sowie denen aus Pkt. 5.4.1 ASR V3.

Bezogen auf das Einrichten und Betreiben von Arbeitsstätten müssen die Maßnahmen geeignet sein, die Gefährdungen zu vermeiden, zu beseitigen bzw. verbleibende Gefährdungen gering zu halten. Bei der Auswahl der Maßnahmen sind Gesetze, Verordnungen, Technische Regeln, Normen, der Stand der Technik, Arbeitsmedizin und Hygiene sowie sonstige gesicherte arbeitswissenschaftliche Erkenntnisse zu berücksichtigen.

Spezielle Gefahren für besonders schutzbedürftige Beschäftigtengruppen sowie Menschen mit Behinderung müssen bei der Auswahl Berücksichtigung finden. Die Gefahren sind an der Quelle zu bekämpfen und individuelle Arbeitsschutzmaßnahmen sind nachrangig zu anderen Maßnahmen. Die Reihenfolge und die Auswahl von Arbeitsschutzmaßnahmen entsprechen der Maßnahmenhierarchie gem. Pkt. 5.4.2 ASR V3. Zum STOP-Prinzip (S = Substitution, T = technische Maßnahmen, O = organisatorische Maßnahmen und P = personenbezogene Maßnahmen) kam durch die ASR V3 noch eine weitere Maßnahme hinzu: die Reduzierung von Gefährdungen durch die Qualifikation der Beschäftigten. Die einzelnen Maßnahmen sind sukzessive abzuprüfen, beginnend mit der Substitution. Ist ein Ersetzen bzw. Auswechseln nicht möglich, wird geprüft, ob technische Maßnahmen geeignet sind, die Gefährdung zu beseitigen bzw. zu reduzieren. Die Wirksamkeit der Maßnahmen nimmt vom Beseitigen der Quelle bis hin zu personen- und verhaltensbezogenen Sicherheitsmaßnahmen kontinuierlich ab.

Hält der Arbeitgeber mit den gewählten Maßnahmen die Technischen Regeln ein, ist davon auszugehen, dass diese die Anforderungen der Arbeitsstättenverordnung erfüllen. Es setzt die Vermutungswirkung ein. Wendet der Arbeitgeber eine andere Lösung an, muss er mit ebenso wirksamen Maßnahmen nachweislich die gleiche Sicherheit und den gleichen Schutz der Gesundheit der Beschäftigten erreichen.

Umsetzen der Maßnahmen

Die unverzüglichen Maßnahmen sind sofort umzusetzen, bestenfalls sofort beim Erkennen der Gefährdung. Die festgelegten und priorisierten Maßnahmen des Arbeitsschutzes sollten zeitnah entsprechend der risikoorientierten Reihenfolge umgesetzt werden. Bei umfangreicheren Maßnahmen in der Arbeitsstätte empfiehlt es sich, einen Ablaufplan mit konkreten Terminen zu erstellen. Für jede Maßnahme bestimmt der Arbeitgeber, wer für die Durchführung zuständig ist und bis wann diese umzusetzen ist. Der Arbeitgeber dokumentiert das Umsetzen der Maßnahmen des Arbeitsschutzes.

Überprüfen der Wirksamkeit der Maßnahmen

Nach § 3 Abs. 1 ArbSchG ist es eine der Grundpflichten des Arbeitgebers, die Maßnahmen auf ihre Wirksamkeit zu überprüfen: Wurde jede festgelegte Maßnahme termingerecht umgesetzt und war sie geeignet, die Gefährdung zu beseitigen bzw. ausreichend zu reduzieren? Nach dem vereinbarten Termin erfolgt das Prüfen, z. B. durch Beobachten, Befragen oder Messen.

Oftmals ist es notwendig, die Wirksamkeit einer Maßnahme über einen längeren Zeitraum zu beobachten, z. B. hinsichtlich der Verbesserung der Mitarbeiterzufriedenheit, der Senkung des Krankenstands, der Sensibilisierung und Motivierung der Führungskräfte.

In diesem Zusammenhang klärt der Arbeitgeber, ob ggf. neue Gefährdungen entstanden sind. Resultieren hieraus andere Gefährdungen, sind weitergehende oder andere Maßnahmen notwendig, um das Schutzziel zu erreichen. Entsprechende Zwischenschritte zur Gefährdungsbeurteilung sind zu wiederholen.

Die Wirksamkeit der Arbeitsschutzmaßnahmen ist abschließend zu überprüfen. Dieser wichtige Schritt des Prozesses der Gefährdungsbeurteilung ist schriftlich festzuhalten.

Fortschreiben der Gefährdungsbeurteilung

Eine gesetzliche bzw. verordnungsrechtliche Forderung zum Fortschreiben der Gefährdungsbeurteilung ist im Arbeitsschutzrecht nicht direkt enthalten. Jedoch gibt der Pkt. 5.8 ASR V3 vor, die „Gefährdungsbeurteilung kontinuierlich zu überprüfen und zu aktualisieren". Nur so sind die aktuellen Gegebenheiten in der Arbeitsstätte abzubilden. Ohne ein Aktualisieren der Gefährdungsbeurteilung ist ein Anpassen der Maßnahmen des Arbeitsschutzes nicht möglich. Der Arbeitgeber würde ohne regelmäßiges Fortschreiben seiner Grundpflicht nach § 3 Abs. 1 ArbSchG, „die erforderlichen Maßnahmen des Arbeitsschutzes unter Berücksichtigung der Umstände zu treffen, die Sicherheit und Gesundheit der Beschäftigten bei der Arbeit beeinflussen", nicht nachkommen. Nur das regelungskreisartige Vorgehen im Prozess der Gefährdungsbeurteilung schafft es, die Gefährdungen zu vermeiden bzw. verbleibende gering zu halten.

Der Arbeitgeber ist somit indirekt verpflichtet, in regelmäßigen Abständen die Gefährdungsbeurteilung zu überprüfen und sie bei Bedarf zu aktualisieren. Beispielhafte Gründe für eine Überprüfung und ggf. Aktualisierung sind nach Pkt. 4 Abs. 4 ASR V3:

- wesentliche Änderungen in der Arbeitsstätte, wie z. B.
  - der bauliche Umbau der Arbeitsstätte,
  - das Festlegen von Arbeitsplätzen,
  - das Ändern der Arbeitsverfahren,
  - das Ändern der Arbeitsorganisation und -gestaltung einschließlich der Arbeitsabläufe,
  - der Einsatz neuer Maschinen, Anlagen und Einrichtungen,
  - die Einführung neuer Arbeitsstoffe sowie
  - neue Erkenntnisse aus dem Instandhalten und Optimieren,
- neue Gefährdungen,
- neue gesicherte arbeitswissenschaftliche Erkenntnisse,
- Veränderungen des Stands der Technik, der Arbeitsmedizin und Hygiene,
- neue oder geänderte Rechtsvorschriften im Arbeitsschutz,
- nach Unfällen, Beinahe-Unfällen, arbeitsbedingten Erkrankungen,
- Berufskrankheiten sowie
- Erkenntnisse aus der arbeitsmedizinischen Vorsorge.

Dokumentation der Gefährdungsbeurteilung

Die Gefährdungsbeurteilung ist vor Aufnahme der Tätigkeit zu dokumentieren. Dabei sind die auftretenden Gefährdungen am Arbeitsplatz und die aus der Gefährdungsbeurteilung festgelegten Maßnahmen aufzuführen. Weiter wird gefordert, dass die Ergebnisse der Beurteilung der Gefährdungen und die Wirksamkeitsprüfung der Maßnahmen aufgezeichnet werden. Bei gleichartigen Gefährdungen reichen zusammengefasste Angaben in den Unterlagen aus.

Die Gesetz- bzw. der Verordnungsgeber fordern für die Unterlage keinen bestimmten Aufbau. Die Unterlage sollte nachvollziehbar aufgebaut und in Papierform oder elektronisch geführt werden. In der gewählten Form ist sie zu aktualisieren. Die Dokumentation ist vor unautorisierten Änderungen und unzulässiger Einsicht zu schützen.

Der Umfang der Dokumentation richtet sich nach der Gefährdungsbeurteilung, welche durch die Größe des Betriebs, des Gefährdungspotenzials, nach gleichartigen Tätigkeiten usw. bestimmt wurde. Die Dokumentation muss gem. § 6 ArbSchG, § 3 ArbStättV und nach Pkt. 5.7.2 ASR V3 mindestens enthalten:

1. Allgemeine Angaben, wie:

- Bezeichnung der Arbeitsplätze, Arbeitsbereiche und Tätigkeiten sowie ggf. gleichartige Arbeitsplätze oder Tätigkeiten
- Datum der Erstellung bzw. Aktualisierung
- Namen des Verantwortlichen

2. Rechtliche Mindestangaben gemäß § 6 ArbSchG, § 3 ArbStättV:

- festgestellte Gefährdungen am Arbeitsplatz
- Ergebnisse der Beurteilung
- durchgeführte Arbeitsschutzmaßnahmen
- Ergebnisse der Wirksamkeitsüberprüfung

Neben dem Notwendigen kann es erforderlich sein, weitere Unterlagen nach Pkt. 5.7.3 ASR V3 der Dokumentation hinzuzufügen. Unterlagen, welche für die einzelnen Schritte des Prozesses zu einer Gefährdungsbeurteilung nach § 3 ArbStättV erforderlich waren, sind z.B. umfangreiche Ablaufpläne, Messprotokolle, Erhebungsbögen, Unterlagen der Entscheidungsfindung, Angaben zu beteiligten Personen.

Die Dokumentation unterstützt die Arbeitsschutzbeteiligten im Betrieb, wie Arbeitgeber, Betriebsarzt, Fachkraft für Arbeitssicherheit, Personal bzw. Betriebsrat, bei der Erfüllung ihrer Aufgaben und ist aus datenschutzrechtlichen Gründen nur diesen aufgezählten Personen zur Kenntnis zu geben. Besonders herauszuheben ist der Vertrauensschutz beim Beurteilen von psychischen Belastungen.

Die Dokumentation der Gefährdungsbeurteilung dient insbesondere dem Arbeitgeber als Grundlage für das Einrichten und Betreiben seiner Arbeitsstätte. Der Arbeitgeber muss gemäß § 6 ArbStättV den Beschäftigten ausreichende und angemessene Informationen anhand des Ergebnisses der Gefährdungsbeurteilung zur Verfügung stellen und anhand dieser Informationen unterweisen.

Die Dokumentation ist ab einem Beschäftigten durchzuführen. Entsprechend dem Pkt. 5.7.1 ASR V3 richtet sich der Umfang der Gefährdungsbeurteilung z.B. nach der Betriebsgröße, -struktur oder -art bzw. nach der Anzahl der Gefährdungen. In kleinen Betrieben mit überschaubaren Strukturen oder bei geringen Gefährdungen kann eine Dokumentation der Mindestanforderungen nach Pkt. 5.7.2 ASR V3 ausreichen. Im Rahmen der Gemeinsamen Deutschen Arbeitsschutzstrategie (GDA) einigten sich die Vertreter des Bundes, der Arbeitsschutzbehörden der Länder und der Spitzenverbände der gesetzlichen Unfallversicherung in der Nationalen Arbeitsschutzkonferenz (NAK) auf Folgendes:

„Der Arbeitgeber erfüllt die Anforderungen an die Dokumentation der Gefährdungsbeurteilung (§ 6 Arbeitsschutzgesetz) im Sinne des Artikels 9 der Rahmenrichtlinie 89/391 EWG in kleinen Betrieben mit 10 oder weniger Beschäftigten, wenn er

1. *die Gefährdungsbeurteilung mit einer Handlungshilfe durchführt, die sein Unfallversicherungsträger oder die zuständige staatliche Arbeitsschutzbehörde zur Verfügung stellt, oder*
2. *in Erfüllung seiner Pflichten nach dem Arbeitssicherheitsgesetz (ASiG) und den dieses Gesetz konkretisierenden Unfallverhütungsvorschriften*
   - *an der Regelbetreuung teilnimmt und die ihm von den beratenden Fachkräften für Arbeitssicherheit, Betriebsärzten oder überbetrieblichen Diensten überlassenen Unterlagen zur Gefährdungsbeurteilung nutzt, oder*
   - *an einem alternativen Betreuungsmodell (z.B. einem Unternehmermodell) seines Unfallversicherungsträgers teilnimmt und er die im Rahmen dieses Modells vorgesehenen Instrumente für die Gefährdungsbeurteilung anwendet."*[1]

Weiterhin ist dem Arbeitgeber für nicht stationäre Arbeitsplätze zu raten, „sowohl die Dokumentation der grundlegenden Gefährdungsbeurteilung als auch die Dokumentation der die örtlichen Bedingungen berücksichtigenden ergänzenden Gefährdungsbeurteilung vor Ort, z.B. auf der Baustelle, vorzuhalten".[2]

1 Quelle: Leitlinie Gefährdungsbeurteilung und Dokumentation, Mai 2017, S. 14.

2 Quelle: Leitlinie Gefährdungsbeurteilung und Dokumentation, Mai 2017, S. 11.

In 7 Schritten zur Gefährdungsbeurteilung

Firma/Einrichtung und Stempel

Firma/Einrichtung: ______________________________

Name des Prüfers: ______________________________

Ort und Datum der Prüfung: ____________________ (Ort), den ____________________ (Datum)

Schritt	Bestandteile	Erledigt
Schritt 1	**Festlegen von Arbeitsbereichen und Tätigkeiten** Welche Arbeitsbereiche und Tätigkeiten gibt es? • Erfassung im Vordruck „Festlegung von Arbeitsbereichen, Arbeitsplätzen und Tätigkeiten“	☐
Schritt 2	**Ermitteln von Gefährdungen und Belastungen** Zu welchen Gefährdungen und Belastungen kann es bei der ermittelten Tätigkeit/in dem ermittelten Arbeitsbereich kommen? • Hilfestellung in der Übersicht „Bausteine für Gefährdungsbeurteilungen zu konkreten Arbeits- und Tätigkeitsbereichen“ • Ermittlung der Gefährdungen nach Gefährdungsfaktoren über die Gefährdungs- und Belastungskataloge im Abschnitt „Ermittlung“.	☐
Schritt 3	**Bewerten der Ergebnisse** Wie sind die ermittelten Gefährdungen zu bewerten? • Hilfestellungen zur Bewertung im Abschnitt „Bewertung“.	☐
Schritt 4	**Festlegen geeigneter Maßnahmen** Welche Maßnahmen sind zu treffen (STOP-Prinzip)? • Gefährdungsbezogene Empfehlungen zu Schutzmaßnahmen in den Gefährdungs- und Belastungskatalogen im Abschnitt „Ermittlung“. • Hilfestellungen zu den technischen, organisatorischen und persönlichen Schutzmaßnahmen im Abschnitt „Maßnahmen“.	☐
Schritt 5	**Umsetzen von Maßnahmen** Welche Maßnahmen müssen von wem bis wann umgesetzt sein? • Erfassung der Maßnahmen mit der Ermittlung der Gefährdungen in den Gefährdungs- und Belastungskatalogen im Abschnitt „Ermittlung“. • Abschließende Dokumentation mit den Vordrucken im Abschnitt „Dokumentation“.	☐
Schritt 6	**Überprüfen der Wirksamkeit** Wird eine ausreichende Sicherheit erreicht? • Kontrolle und Überprüfung mit den Vordrucken im Abschnitt „Dokumentation“.	☐
Schritt 7	**Dokumentieren** Werden die Schritte 2–6 hinreichend dokumentiert? • Fortlaufende Dokumentation mit den Vordrucken im Abschnitt „Dokumentation“.	☐

Grenz- und Richtwerte von Arbeitsstätten

Firma/Einrichtung und Stempel

Grundflächen von Arbeitsräumen

Mindestgrundfläche Arbeitsraum mit einem Arbeitsplatz:	8 m^2
je weiterem dauerhaften Arbeitsplatz:	+ 6 m^2
zusätzlich Flächen für Verkehrswege, Fluchtwege, Stellflächen, Einbauten und Einrichtungen, Funktionsflächen und Sicherheitsabstände einplanen	
Berechnung der Mindestgrundfläche: [Anzahl der Arbeitsplätze] x 6 m^2 + 2 m^2	

Quelle: ASR A1.2

Lichte Höhe von Arbeitsräumen

Grundfläche	Lichte Höhe (mindestens)
bis zu 50 m^2	2,50 m
51 – 100 m^2	2,75 m
101 – 2.000 m^2	3,00 m
über 2.000 m^2	3,25 m

Quelle: ASR A1.2

- Lichte Höhe von 2,50 m darf nicht unterschritten werden.
- Mindestmaße können um 0,25 m herabgesetzt werden, wenn keine gesundheitlichen Bedenken bestehen (Gefährdungsbeurteilung erforderlich!).
- In Arbeitsräumen bis zu 50 m^2 Grundfläche, in denen überwiegend leichte oder sitzende Tätigkeiten ausgeübt werden, darf die lichte Höhe auf das nach Landesbaurecht zulässige Maß herabgesetzt werden (= u. U. eine geringere lichte Höhe als 2,50 m).

Luftraum von Arbeitsräumen

Pro ständig anwesendem Beschäftigten mindestens:

bei überwiegend sitzender Tätigkeit	12,00 m^3
bei überwiegend nicht sitzender Tätigkeit	15,00 m^3
bei schwerer körperlicher Arbeit	18,00 m^3
pro weiterer nicht nur vorübergehend anwesender Person	+ 10,00 m^3

Quelle: ASR A1.2

Bewegungsflächen

Mindestbewegungsfläche am oder in der Nähe des Arbeitsplatzes	1,50 m^2
Mindesttiefe und Mindestbreite der Bewegungsfläche im Sitzen und Stehen	1,00 m
Mindesttiefe der Bewegungsfläche bei stehender, nicht aufrechter Körperhaltung	1,20 m
Mindestbreite der Bewegungsfläche bei mehreren, unmittelbar nebeneinander angeordneten Arbeitsplätzen pro Arbeitsplatz	1,20 m

Quelle: ASR A1.2

Bewegungsflächen dürfen sich überlagern mit Stell- und Funktionsflächen für selbst benutzte Arbeitsmittel und eigenen Sicherheitsabständen (z. B. Schrankauszug, Schranktüren, Fensterflügel).

Bewegungsflächen dürfen sich nicht überlagern mit Bewegungsflächen anderer Arbeitsplätze, Flächen für Verkehrs- oder Fluchtwege, Stellflächen für Arbeitsmittel, Einbauten und Einrichtungen, Funktionsflächen für nicht selbst benutzte Arbeitsmittel, Einbauten und Einrichtungen oder Flächen für Sicherheitsabstände, die für andere Nutzer erforderlich sind.

Türen und Tore

Kraftaufwand für Türen und Tore

Für das Öffnen und Schließen von Hand darf der Kraftaufwand

- für Türen 220 N,
- für Tore 260 N

nicht überschreiten.

Kraftbetätigte Türen und Tore

- Der Kraftaufwand darf in begründeten Fällen um 50 % überschritten werden.
- Türen und Tore bis zu einer Höhe von 2,50 m über dem Fußboden müssen wirksame Sicherungen gegen mechanische Gefährdungen haben.
- Der Nachlaufweg an kraftbetätigten Türen und Toren ohne Sicherheitseinrichtung darf nicht größer als 50 mm sein.
- Quetsch- und Scherstellensicherungen werden an Nebenschließkanten nicht benötigt, wenn
  - der Spalt zwischen Nebenschließkante und Gegenschließkante max. 8 mm beträgt,
  - die Nebenschließkanten so nachgiebig gestaltet sind, dass sie einen Sicherheitsabstand für die Finger von mindestens 25 mm ermöglichen.

Kraftbetätigte Schiebetüren

- Sicherheitsabstand von mind. 0,20 m für Flügel, die in einem Abstand von max. 0,10 m an feststehenden, geschlossenen Bauteilen entlanglaufen
- Sicherheitsabstand von mind. 0,50 m für Flügel, die in einem Abstand von mehr als 0,10 m an feststehenden Bauteilen entlanglaufen

Kraftbetätigte Dreh- und Faltflügeltüren

- lichte Weite von mind. 0,50 m über die gesamte Tiefe bei größtmöglicher Flügelöffnung
- lichte Weite von mind. 0,20 m ausreichend, wenn die Tiefe des vom geöffneten Flügel und festen Teilen seiner Umgebung gebildeten Bereichs höchstens 0,25 m beträgt

Quelle: ASR A1.7

Mindestbreite von Fluchtwegen

Anzahl der Personen im Einzugsgebiet	Lichte Mindestbreiten von Durchgängen und Türen im Verlauf von Hauptfluchtwegen, z. B. Türen von Notausgängen (in m)	Lichte Mindestbreiten von Hauptfluchtwegen (in m)
bis 5	0,80(1)	0,90(2)
bis 20	0,90(3)	1,00
bis 50	0,90	1,20
bis 100	1,00	1,20
bis 200	1,05	1,20
bis 300	1,65	1,80
bis 400	2,25	2,40

(1) Bei Neubauten und wesentlichen baulichen Erweiterungen oder Umbauten wird empfohlen, für Einzugsgebiete von bis zu 5 Personen eine lichte Mindestbreite von Durchgängen und Türen im Verlauf von Hauptfluchtwegen von 0,90 m einzuhalten, um auch in diesen Bereichen eine barrierefreie Zugänglichkeit zu ermöglichen.

In Gebäuden, die bis zum 30.9.2022 errichtet worden sind oder deren Bauantragstellung bis zu diesem Termin erfolgt ist, dürfen

- (2) Lichte Mindestbreiten von Hauptfluchtwegen für bis 5 Personen 0,875 m
- (3) Lichte Mindestbreiten von Durchgängen und Türen im Verlauf von Hauptfluchtwegen für bis 20 Personen 0,85 m
- Lichte Mindestbreiten von Türen von Toilettenzellen und Toilettenräumen mit nur einer Toilette 0,50 m

betragen oder solange beibehalten werden, bis die jeweiligen Bereiche dieser Arbeitsstätten wesentlich erweitert oder umgebaut werden oder nach § 3a Absatz 2 der Arbeitsstättenverordnung eine Vergrößerung erforderlich wird.

Außerdem sollen

- Mindestdurchgangsbreiten und -höhen von Türen und Toren sich nach den Mindestmaßen von Fluchtwegen richten.
- Türen und Tore in Bedienungs-, Überwachungs- und Wartungszugängen 0,50 m in der lichten Durchgangsbreite und 1,80 m in der lichten Durchgangshöhe nicht unterschreiten.

- Hinweise auf Anstoßgefährdungen im Kopfbereich durch entsprechende Sicherheits- und Gesundheitsschutzkennzeichnung angebracht werden.
- durch Rahmen von Türen und Toren keine Stolperstellen entstehen.

Für die Breite von Treppen und Hauptfluchtwegen nach Treppen gelten gesonderte Grenzwerte vgl. dazu ASR 2.3. Quelle: ASR A2.3

Stolperstellen und Rutschgefahren

Stolperstellen

- Höhenunterschiede von mehr als 4 mm in einem ansonsten ebenen Raum
- Spaltenbreiten von mehr als 20 mm im Fußboden
- Spaltenbreiten von mehr als 35 x 51 mm bei Rosten mit Maschenteilung

Rutschgefahr

- schräge Flächen ab einer Neigung von 36 % (ca. 20°)

Korrigierter mittlerer Winkel des Ausrutschens	Klasse der Rutschhemmung (R-Gruppe)
von 6° – 10°	R 9
ab 10° – 19°	R 10
ab 19° – 27°	R 11
ab 27° – 35°	R 12
ab 35°	R13

Allgemeine Arbeitsräume und -bereiche	Bewertungsgruppe der Rutschgefahr (R-Gruppe)	Verdrängungsraum mit Kennzahl für das Mindestvolumen
Allgemeine Arbeitsräume und -bereiche		
Eingangsbereich innen	R 9	
Eingangsbereich außen	R 11 oder R 10	V 4
Treppen innen	R 9	
Treppen außen	R 11 oder R 10	V 4
Toilettenräume	R 9	
Umkleide- und Waschräume	R 10	
Pausenräume	R 9	
Erste-Hilfe-Räume	R 9	
Außenbereiche		
Gehwege	R 11 oder R 10	V 4
Laderampe, überdacht	R 11 oder R 10	V 4
Laderampe, nicht überdacht	R 12 oder R 11	V 4
Betankungsbereiche, überdacht	R 11	
Betankungsbereiche, nicht überdacht	R 12	

Quelle: ASR A1.5

Absturz

- Gefährdung durch Absturz ab einer Absturzhöhe von mehr als einem Meter
- Gefahrenbereich „Absturz" beginnt ab einem Abstand der Arbeitsplätze und Verkehrswege von 2,00 m bis zur Absturzkante.
- Dieser Zwei-Meter-Streifen muss abgesperrt und mit dem Verbotszeichen D-P006 „Zutritt für Unbefugte verboten" gekennzeichnet werden.
- An Verkehrswegen genügt eine deutlich erkennbare optische Abgrenzung.
- Bei Arbeitsplätzen an Absturzkanten müssen Umwehrungen mind. 1,00 m hoch sein!
- Reduzierung auf bis zu 0,80 m ist zulässig bei einer Tiefe der Umwehrung von mind. 0,20 m, wenn sie den gleichen Schutz gewährleistet wie eine höhere Umwehrung.
- Umwehrung von mind. 1,10 m bei einer Absturzhöhe von mehr als 12 m

Quelle: ASR A2.1

Verkehrswege – Fußgängerverkehr

Anforderungen an Wege für den Fußgängerverkehr

Anzahl der Personen im Einzugsgebiet:	Lichte Mindestbreiten von Durchgängen und Türen im Verlauf von Verkehrswegen (in m)	Lichte Mindestbreiten von Verkehrswegen (in m)
bis 5	0,80[(1)]	0,90[(2)]
bis 20	0,90[(3)]	1,00
bis 50	0,90	1,20
bis 100	1,00	1,20
bis 200	1,05	1,20
bis 300	1,65	1,80
bis 400	2,25	2,40

[(1)] Bei Neubauten und wesentlichen baulichen Erweiterungen oder Umbauten wird empfohlen, für Einzugsgebiete von bis zu 5 Personen eine lichte Mindestbreite von Durchgängen und Türen im Verlauf von Hauptfluchtwegen nach ASR A2.3 von 0,90 m einzuhalten, um auch in diesen Bereichen eine barrierefreie Zugänglichkeit zu ermöglichen.

In Gebäuden, die bis zum 30.9.2022 errichtet worden sind oder deren Bauantragstellung bis zu diesem Termin erfolgt ist, dürfen

- [(2)] Lichte Mindestbreiten von Verkehrswegen für bis 5 Personen 0,875 m
- [(3)] Lichte Mindestbreiten von Durchgängen und Türen im Verlauf von Verkehrswegen 0,85 m
- Mindestbreiten für Gänge zur Instandhaltung oder Gänge zu Betriebseinrichtungen ohne Begegnungsverkehr 0,50 m
- Lichte Mindestbreiten für Türen von Toilettenzellen und Toilettenräumen mit nur einer Toilette 0,50 m

betragen oder solange beibehalten werden, bis die jeweiligen Bereiche dieser Arbeitsstätten wesentlich erweitert oder umgebaut werden oder nach § 3a Absatz 2 der Arbeitsstättenverordnung eine Vergrößerung erforderlich wird.

Außerdem darf

- eine Unterschreitung der Mindestbreite der Flure von max. 15 cm an Türen vernachlässigt werden.
- die lichte Breite an keiner Stelle weniger als 0,80 m betragen.

Quelle: ASR A1.8

Abweichende Regelungen

Art des Verkehrswegs	Lichte Breite
Gänge zu persönlich zugewiesenen Arbeitsplätzen und Hilfstreppen	0,60 m
Gänge zur Instandhaltung, Gänge zu Betriebseinrichtungen ohne Begegnungsverkehr	0,60 m
Verkehrswege für Fußgänger zw. Lagereinrichtungen und Lagergeräten	1,25 m
Verkehrswege für Fußgänger in Nebengängen von Lagereinrichtungen für die ausschließliche Be- und Entladung von Hand	0,75 m
Rangierwege	mind. 1,30 m
Türen von Toilettenzellen und von Toilettenräumen mit nur einer Toilette entsprechend ASR A4.1	0,55 m

Lichte Höhe

- Bereits existierende Arbeitsstätten
  - lichte Höhe von Verkehrswegen: mind. 2,00 m
  - Unterschreitung von max. 5 cm an Türen kann vernachlässigt werden
  - lichte Höhe von Wartungsgängen: mind. 1,90 m
  - Unterschreitung von max. 10 cm an Türen und Toren kann vernachlässigt werden
- Neue Arbeitsstätten
  - lichte Höhe von Verkehrswegen: mind. 2,10 m

Quelle: ASR A1.8

Verkehrswege – Fahrzeugverkehr

Generelle Breiten	
Mindestabstand zu Türen/Toren, Durchgängen, Durchfahrten, Treppenaustritten	1,00 m
Breite des Transportwegs	größte Breite des Transportmittels/Ladeguts + ggf. Rand- und Begegnungszuschläge

Zuschläge für Geschwindigkeiten bis max. 20 km/h	
Randzuschlag für Fahrzeugverkehr pro Seite	0,50 m
Randzuschlag für gemeinsamen Fußgänger- und Fahrzeugverkehr pro Seite	0,75 m
Begegnungszuschlag für Fahrzeugverkehr	0,40 m
Begegnungszuschlag für Fußgänger- und Fahrzeugverkehr	0,40 m
Lichte Höhen	
Mindesthöhe über Verkehrswegen	Höhe Fahrzeug + Höhe stehender/sitzender Fahrer
Sicherheitszuschlag	0,20 m
Feuerwehrzufahrten	
Breite und Höhe	mind. 3,50 m

Quelle: ASR A1.8

Lärm

- Lärm = jeder Schall, der zu einer Beeinträchtigung des Hörvermögens oder zu einer sonstigen mittelbaren oder unmittelbaren Gefährdung von Sicherheit und Gesundheit der Beschäftigten führen kann

Bewertung von Tätigkeiten

Tätigkeitskategorie	Maß der für die Erfüllung der Arbeitsaufgabe erforderlichen Konzentration bzw. Sprachverständlichkeit	Maximal zulässige Beurteilungspegel
Tätigkeitskategorie I	Hohe Konzentration oder hohe Sprachverständlichkeit, z. B. Verhandlungen, Entwickeln von Software, Korrigieren von Texten	55 dB(A)
Tätigkeitskategorie II	Mittlere Konzentration oder mittlere Sprachverständlichkeit, z. B. Sachbearbeitung im Büro, Bedienen von Kunden, Tätigkeiten mit Publikumsverkehr	70 dB(A)
Tätigkeitskategorie III	Geringe Konzentration oder geringere Sprachverständlichkeit, z. B. einfache Montagearbeiten, Wartung, Reinigungsarbeiten	Beurteilungspegel ist soweit wie möglich zu reduzieren

Quelle: ASR A3.7

- Wenn Tätigkeiten der Kategorien I bzw. II zeitweilig in einer Arbeitsumgebung verrichtet werden müssen, in der die zulässigen Beurteilungspegel aus betriebstechnischen Gründen nicht eingehalten werden, müssen für die betreffenden Arbeitsplätze Maßnahmen vorgenommen werden, damit die Anforderungen eingehalten werden, z. B. Kapselung (Schallschutzkabinen), veränderte Arbeitsverfahren bzw. -abläufe (Fernwartung).
- In Ausnahmefällen kann die Verwendung von Persönlicher Schutzausrüstung gegen Lärm als ergänzende Maßnahme vorgenommen werden; dies darf jedoch keine dauerhafte Maßnahme sein.
- Regelungen für Schalldruckpegel in Pausen- und Bereitschaftsräumen sind in der ASR A4.2 „Pausen- und Bereitschaftsräume“ festgehalten. Für Erste-Hilfe-Räume ist die ASR A4.3 „Erste-Hilfe-Räume, Mittel und Einrichtungen zur Ersten Hilfe“ heranzuziehen.

Beleuchtungsstärke

Arbeitsräume, Arbeitsplätze, Tätigkeiten	Beleuchtungsstärke (mind.)
Verkehrsflächen und Flure ohne Fahrzeugverkehr, begehbare Unterflurtunnel, Zwischenböden und für Wartungszwecke, z. B. Steigförderer, Wartungsgänge, Halleinfahrten bei Nachtbetrieb (Übergangsbereich vor dem Gebäude), Lagerräume für gleichartiges oder großteiliges Lagergut	50 Lux
Verkehrsflächen und Flure ohne Fahrzeugverkehr im Bereich von Absätzen und Stufen, Treppen, Fahrtreppen, Fahrsteige, Aufzüge, Lagerräume mit Suchaufgabe bei nicht gleichartigem Lagergut	100 Lux
Verkehrsflächen und Flure mit Fahrzeugverkehr, Laderampen, Ladebereiche	150 Lux
Lagerräume mit Leseaufgabe, Kantinen, Teeküche, Pausenräume, Warte- und Aufenthaltsräume, Waschräume, Bäder, Umkleideräume, haustechnische Anlagen, Schaltgeräteräume, Eingangshallen, Archive	200 Lux
Versand- und Verpackungsbereich, Sport- und Fitnessräume, Empfangstheke, Schalter, Verkaufsräume, Kfz-Werkstätten, Laboratorien in der chemischen Industrie, Schweißen, Verarbeitung leichter Bleche	300 Lux

FORUM

Arbeitsräume, Arbeitsplätze, Tätigkeiten	Beleuchtungsstärke (mind.)
Büroräume, Küchen, Sanitätsräume, Reparaturwerkstätten für Radio und Fernsehen, Arbeiten an Druckmaschinen, Holzbearbeitungsmaschinen, Drehen, Fräsen	500 Lux
Großraumbüros mit hoher Reflexion, Kontrollplätze in der Metallverarbeitung, Lackiererei, Papiersortierung	750 Lux
Großraumbüros mit mittlerer Reflexion, Qualitätskontrolle (hohe Anforderung), Werkzeug-, Lehren- und Vorrichtungsbau, Feinmontage	1.000 Lux
Montage elektrischer Bauteile	1.500 Lux

Quelle: ASR A3.4

- Für eine detaillierte Auflistung siehe auch Anhang 1 der ASR A3.4.

Ergonomische Kriterien bei Bildschirmarbeitsplätzen

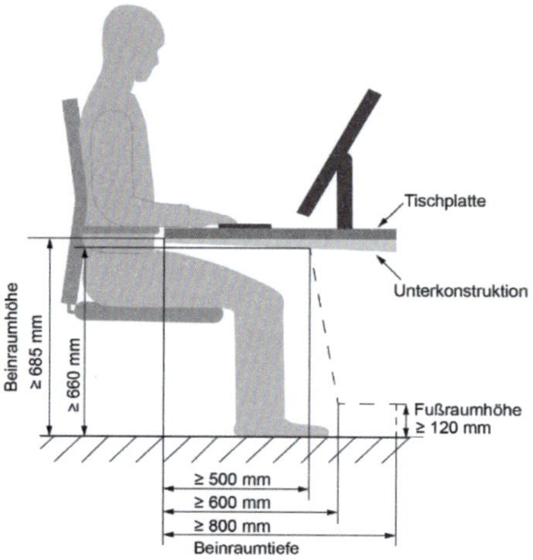

Mindestanforderungen an den Beinraum am Sitzarbeitsplatz

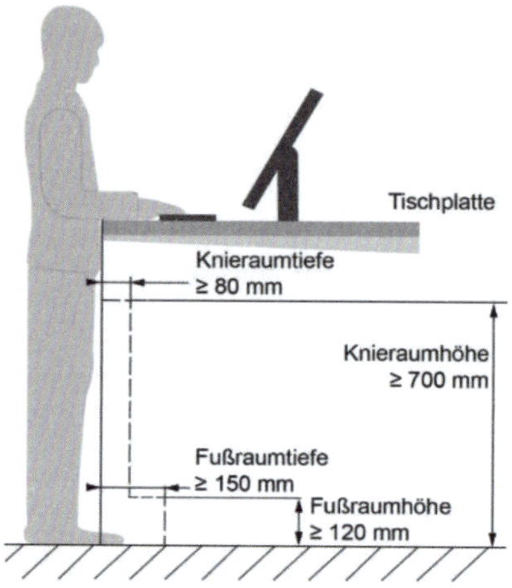

Mindestmaße für den Fuß- und Knieraum am Steharbeitsplatz *(Bildquelle: ASR A6)*

- Bürotisch: Tiefe mind. 0,80 m, abhängig von Bildschirmgröße/-art, Breite 1,60 m
- Bürostuhl: höhenverstellbar, mit höhen- und neigungsverstellbarer Rückenlehne
- Individuelle ergonomisch optimale Arbeitshaltung muss durch Arbeitstisch und Arbeitsstuhl ermöglicht werden (Ober- und Unterschenkel sowie Ober- und Unterarme bilden einen Winkel von > 90°). Bei Bildschirmarbeitsplätzen ist die Oberfläche der Tastatur Bezugspunkt für den Winkel zwischen Ober- und Unterarmen, für den Bürotisch ist dies die Tischoberfläche.
- Fußstütze (bei Bedarf): Tiefe 35 cm, Breite 45 cm, verstellbar in Höhe und Neigung

Quelle: ASR A6

Feuerlöscher

Grundfläche bis	Löschmitteleinheiten
50 m^2	6
100 m^2	9
200 m^2	12
300 m^2	15
400 m^2	18
500 m^2	21
600 m^2	24
700 m^2	27
800 m^2	30
900 m^2	33
1.000 m^2	36
je weitere 250 m^2	+6

Quelle: ASR A2.2

ERFASSEN, ERMITTELN, BEURTEILEN UND BEWERTEN

Festlegen von Arbeitsbereichen, Arbeitsplätzen und Tätigkeiten

Firma/Einrichtung und Stempel

1. Allgemeine Angaben

Name der Firma/Einrichtung:

____

Verantwortlich für die Firma/Einrichtung:

____

Die Gefährdungsbeurteilung wurde erstellt am: ______.______.______________

2. Arbeitsbereiche, Tätigkeiten, Arbeitsmittel

Arbeitsbereich	Tätigkeit	Arbeitsmittel

3. Erstellt am/von:

______.______.______________ ______________________________

(Datum) (Unterschrift)

Gefährdungsfaktoren

Firma/Einrichtung und Stempel

Betriebsbereich: ______________________________

Betrachtungseinheit (z. B. Arbeitsplatz, Tätigkeit): ______________________________

Erstellt durch: ______________________________

Ort und Datum der Prüfung: ______________________ (Ort), den ______________________ (Datum)

Relevante Gefährdungsfaktoren und Gefährdungen (Zutreffendes bitte ankreuzen)			
☐ 1. Mechanische Gefährdungen	☐ 1.1 Ungeschützt bewegte Maschinenteile	☐ 1.2 Teile mit gefährlichen Oberflächen	☐ 1.3 Bewegte Transportmittel, bewegte Arbeitsmittel
	☐ 1.4 Unkontrolliert bewegte Teile	☐ 1.5 Sturz, Ausrutschen, Stolpern, Umknicken	☐ 1.6 Absturz
☐ 2. Elektrische Gefährdungen	☐ 2.1 Elektrischer Schlag	☐ 2.2 Lichtbögen	☐ 2.3 Elektrostatische Aufladungen
☐ 3. Gefahrstoffe	☐ 3.1 Gase	☐ 3.2 Dämpfe	☐ 3.3 Aerosole (z. B. Stäube, Rauche, Nebel)
	☐ 3.4 Flüssigkeiten	☐ 3.5 Feststoffe	
☐ 4. Biologische Gefährdungen	☐ 4.1 Infektionsgefährdung durch pathogene Mikroorganismen (z. B. Bakterien, Viren, Pilze)	☐ 4.2 Sensibilisierende und toxische Wirkungen von Mikroorganismen	
☐ 5. Brand- und Explosionsgefährdungen	☐ 5.1 Brennbare Feststoffe, Flüssigkeiten, Gase	☐ 5.2 Explosionsfähige Atmosphäre	☐ 5.3 Explosivstoffe
☐ 6. Thermische Gefährdungen	☐ 6.1 Heiße Medien/Oberflächen	☐ 6.2 Kalte Medien/Oberflächen	

Relevante Gefährdungsfaktoren und Gefährdungen (Zutreffendes bitte ankreuzen)			
☐ 7. Physikalische Gefährdungen	☐ 7.1 Lärm	☐ 7.2 Ultraschall, Infraschall	☐ 7.3 Ganzkörpervibrationen
	☐ 7.4 Hand-Arm-Vibrationen	☐ 7.5 Nicht ionisierende Strahlung (z. B. UV-, IR-, Laserstrahlung)	☐ 7.6 Ionisierende Strahlung (z. B. Röntgen-, Gamma-, Teilchenstrahlung)
	☐ 7.7 Elektromagnetische Felder	☐ 7.8 Unter- oder Überdruck	
☐ 8. Gefährdungen durch Arbeitsumgebungsbedingungen	☐ 8.1 Klima (z. B. Hitze, Kälte)	☐ 8.2 Beleuchtung, Licht	☐ 8.3 Ertrinken
☐ 9. Physische Belastungen	☐ 9.1 Schwere dynamische Arbeit	☐ 9.2 Einseitige dynamische Arbeit	☐ 9.3 Haltungsarbeit/Haltearbeit
	☐ 9.4 Kombination aus statischer und dynamischer Arbeit		
☐ 10. Psychische Gefährdungen	☐ 10.1 Ungenügend gestaltete Arbeitsaufgabe	☐ 10.2 Ungenügend gestaltete Arbeitsorganisation	☐ 10.3 Ungenügend gestaltete soziale Bedingungen
	☐ 10.4 Ungenügend gestaltete Arbeitsplatz- und Arbeitsumgebungsbedingungen		
☐ 11. Sonstige Gefährdungen	☐ 11.1 Durch Menschen	☐ 11.2 Durch Tiere	☐ 11.3 Durch Pflanzen

Datum, Unterschrift des Prüfers: ______________________________

1 Mechanische Gefährdungen

Firma/Einrichtung und Stempel

Betriebsbereich: ______

Betrachtungseinheit (z. B. Arbeitsplatz, Tätigkeit): ______

Erstellt durch: ______

Ort und Datum der Prüfung: ______ (Ort), den ______ (Datum)

Nr.	Prüffragen	Gefährdung			Maßnahmen bis wann
		Ja	Nein	Nicht relevant	
1.1 Ungeschützte Maschinenteile				☐	
Gefahrenquelle: ***Quetsch-, Scher-, Stoß-, Schneid-, Stich-, Einzug-, Fangstellen***				☐	
Es sollte u. a. überprüft werden:					
1.	ob Gefahrstellen durch Schutzeinrichtungen gesichert sind.	☐	☐	☐	
2.	ob Sicherheitsabstände nach DIN EN ISO 13857 eingehalten werden.	☐	☐	☐	
3.	ob vorhandene oder entstehende Gefahrstellen zu erkennen sind (z. B. durch entsprechende Sicherheitskennzeichen).	☐	☐	☐	
4.	ob vorhandene mechanische bzw. elektrische Verriegelungen aktiv sind.	☐	☐	☐	
5.	ob Schutzeinrichtungen keinesfalls umgangen oder außer Betrieb gesetzt werden.	☐	☐	☐	
6.	ob das Entstehen von Gefahrstellen in besonderen Situationen oder Betriebszuständen verhindert wird (z. B. bei Reinigung, Störungsbeseitigung, Werkzeugwechsel).	☐	☐	☐	

Empfohlene Schutzmaßnahmen:
U. a.: auf CE-Kennzeichnung achten, trennende Schutzeinrichtungen vorsehen (z. B. durch Verkleidungen, Verdeckungen, Umzäunungen), abweisende Schutzeinrichtungen vorsehen (z. B. durch Abweiser, Bügel), berührungslos wirkende Schutzeinrichtungen vorsehen (z. B. Lichtschranken), Gefahrstellen kennzeichnen, Sicherheitsabstände einhalten.

Nr.	Prüffragen	Gefährdung			Maßnahmen bis wann
		Ja	Nein	Nicht relevant	
1.2 Teile mit gefährlicher Oberfläche				☐	
Gefahrenquelle: ***Ecken, Kanten, Spitzen, Schneiden, Rauigkeit***				☐	
Es sollte u. a. überprüft werden:					
1.	ob lichtdurchlässige Flächen von Türen aus bruchsicherem Werkstoff bestehen.	☐	☐	☐	
2.	ob der Kontakt zu scharfkantigen, spitzen oder rauen Teilen verhindert wird (z. B. durch Nutzung technischer Hilfsmittel, trennende Schutzeinrichtungen, ausreichende Bewegungsräume am Arbeitsplatz, ausreichende Wahrnehmbarkeit, PSA).	☐	☐	☐	
Empfohlene Schutzmaßnahmen: *U. a.: trennende Schutzeinrichtungen vorsehen (z. B. durch Verkleidungen, Verdeckungen, Umzäunungen), Kanten entgraten, spitze oder scharfe Gegenstände geeignet aufbewahren, Schutzhandschuhe und Schutzkleidung bereitstellen und tragen.*					

1.3 Bewegte Transportmittel, bewegte Arbeitsmittel				☐	
Gefahrenquelle: ***Anfahren, Aufprallen, Überfahren, Umkippen, Abstürzen, falsch bemessene und schlecht gekennzeichnete Verkehrswege***				☐	
Es sollte u. a. überprüft werden:					
1.	ob die Tragfähigkeit der Transportmittel eingehalten wird.	☐	☐	☐	
2.	ob die Kippsicherheit sowie uneingeschränkte Fahrersicht bei jedem Ladegut gewährleistet sind.	☐	☐	☐	
3.	ob die Transportwege freigehalten und gekennzeichnet sind.	☐	☐	☐	
4.	ob Verkehrswege so bemessen und ggf. gekennzeichnet sind, dass die notwendige Sicherheit für Benutzer und angrenzende Arbeitsbereiche gewährleistet ist.	☐	☐	☐	
5.	ob Verkehrswege für Fahrzeuge mind. in einem Abstand von 1,00 m an Türen, Toren und Durchgängen usw. vorbeigeführt sind.	☐	☐	☐	
6.	ob die Wege für Fahrzeuge so breit angelegt wurden, dass beidseitig ein Sicherheitsabstand von mind. 0,50 m zu den Begrenzungen vorhanden ist.	☐	☐	☐	
7.	ob die Begrenzungen der Verkehrswege in Arbeits- und Lagerräumen deutlich erkennbar und in Räumen >1.000 m^2 Grundfläche gekennzeichnet sind.	☐	☐	☐	
8.	ob Fahrzeuge in verkehrs- und betriebssicherem Zustand sind.	☐	☐	☐	
9.	ob Stürze auf/von dem Transportmittel vermieden werden.	☐	☐	☐	
10.	ob nur geeignete, ausgebildete Personen zum Führen von Transportmitteln eingesetzt werden.	☐	☐	☐	
Empfohlene Schutzmaßnahmen: *U. a.: Herstellerangaben sowie Typenschild beachten, regelmäßige technische Überprüfung durchführen, befähigte Personen einsetzen, erforderliche Breite für die Verkehrswege einhalten.*					

Nr.	Prüffragen	Gefährdung			Maßnahmen bis wann
		Ja	Nein	Nicht relevant	
1.4 Unkontrolliert bewegte Teile				☐	
Gefahrenquelle: ***Kippende, pendelnde Teile***				☐	
Es sollte u. a. geprüft werden:					
1.	ob Arbeitsgegenstände, Arbeitsmittel oder Teile aufgrund ihrer instabilen oder ungünstigen Schwerpunktlage nicht kippen und damit Personen verletzen können (z. B. durch Anfahrschutz, Wegefreiheit, ebene Fahrwege, Kippsicherungen).	☐	☐	☐	
Gefahrenquelle: ***Rollende, gleitende Teile***				☐	
Es sollte u. a. geprüft werden:					
1.	ob sicherheitstechnische Mittel, die ein Rollen oder Gleiten verhindern bzw. die rollende oder gleitende Teile auffangen können, vorhanden und ausreichend wirksam sind (z. B. durch Anfahrschutz, Wegrollsicherungen, wie Keile, Stützen).	☐	☐	☐	
Gefahrenquelle: ***Herabfallende oder sich lösende, berstende und wegfliegende Teile***				☐	
Es sollte u. a. geprüft werden:					
1.	ob Arbeitsmaterial und Werkzeuge sicher gelagert bzw. abgelegt werden.	☐	☐	☐	
2.	ob Ladungen gesichert sind.	☐	☐	☐	
3.	ob Transportgut sicher befördert werden kann.	☐	☐	☐	
4.	ob die verwendeten Lastaufnahmeeinrichtungen geeignet sind.	☐	☐	☐	
5.	ob Schutzeinrichtungen (z. B. Auffangvorrichtungen, Schutzwände) vorhanden und ausreichend wirksam sind.	☐	☐	☐	
Gefahrenquelle: ***Unter Druck austretende Medien***				☐	
Es sollte u. a. geprüft werden:					
1.	ob Gefährdungen durch austretende, unter Druck stehende Medien verhindert werden.	☐	☐	☐	
Empfohlene Schutzmaßnahmen: *U. a.: Standsicherheit von Lagern und Stapeln sicherstellen, Tragfähigkeit der Lagerfläche beachten, zulässige Stapelhöhen beachten, Sicherheitsabstand einhalten, Ladegut und Werkzeuge sichern und sicher aufbewahren, Umwehrungen/Geländer/Fußleisten anbringen, Schutzhelm zur Verfügung stellen und tragen.*					

Nr.	Prüffragen	Gefährdung			Maßnahmen bis wann
		Ja	Nein	Nicht relevant	
1.5 Stürzen, Ausrutschen, Stolpern, Umknicken				☐	
Gefahrenquelle: ***Verunreinigungen (z. B. Öl, Fett), nasse Trittflächen, witterungsbedingte Glätte, Unebenheiten, Höhenunterschiede, herumliegende Teile, unzureichende Form und Größe der Trittflächen***				☐	
Es sollte u. a. geprüft werden:					
1.	ob die Transportwege und Arbeitsflächen trittsicher und nicht eingeengt oder verstellt sind.	☐	☐	☐	
2.	ob Kabel und Leitungen vorschriftsmäßig verlegt sind.	☐	☐	☐	
3.	ob Gitterroste gegen Abheben und Verschieben gesichert sind.	☐	☐	☐	
4.	ob Trittflächen in Form und Größe so gewählt sind, dass ein Fehltreten vermieden wird.	☐	☐	☐	
5.	ob unvermeidbare Sturzgefährdungen gekennzeichnet sind (z. B. durch entsprechende Beleuchtung, Farbe, Hinweisschilder).	☐	☐	☐	
Empfohlene Schutzmaßnahmen: *U. a.: Standsicherheit von Lagern und Stapeln sicherstellen, Tragfähigkeit der Lagerfläche beachten, zulässige Stapelhöhen beachten, Sicherheitsabstand einhalten, Ladegut und Werkzeuge sichern und sicher aufbewahren, Umwehrungen/Geländer/Fußleisten anbringen, Schutzhelm zur Verfügung stellen und tragen.*					

1.6 Absturz				☐	
Gefahrenquelle: Unzureichende Standsicherheit und Tragfähigkeit, ungesicherte Absturzkanten und Öffnungen, ungeeignete Zugänge, Witterungsverhältnisse				☐	
Es sollte u. a. geprüft werden:					
1.	ob die Standsicherheit des hoch gelegenen Arbeitsplatzes/Zugangs gewährleistet ist (tragfähiger Untergrund, Verankerung, stabile Schwerpunktlage, funktionsfähige Feststelleinrichtungen, Berücksichtigung äußerer Einwirkungen usw.).	☐	☐	☐	
2.	ob die Tragfähigkeit des hoch gelegenen Arbeitsplatzes/Zugangs gewährleistet ist (z. B. richtige Bemessung, Bau/Aufbau nach Herstellerangaben, Sichtprüfung auf Verschleiß/Korrosion, Einhalten der Belastungsgrenzwerte usw.).	☐	☐	☐	
3.	ob der sichere Zugang zum hoch gelegenen Arbeitsplatz gewährleistet ist (z. B. Treppentürme, Treppen, Laufstege, Steigleitern).	☐	☐	☐	
4.	ob hoch gelegene Arbeitsplätze/Zugänge Absturzsicherungen besitzen (z. B. Geländer, Abdeckungen), die verhindern, dass Personen abstürzen.	☐	☐	☐	
5.	ob unvermeidbare Sturzgefährdungen gekennzeichnet sind (z. B. durch entsprechende Beleuchtung, Farbe, Hinweisschilder).	☐	☐	☐	
6.	ob die Absturzsicherungen so ausgeführt und bemessen sind, dass sie die zu erwartenden Kräfte aufnehmen und ableiten können.	☐	☐	☐	

FORUM

Nr.	Prüffragen	Gefährdung			Maßnahmen bis wann
		Ja	Nein	Nicht relevant	
7.	ob die Absturzsicherungen so gestaltet sind, dass Personen nicht hindurchfallen können.	☐	☐	☐	
8.	ob Arbeitsplätze oder Verkehrswege an oder über Wasser oder anderen festen oder flüssigen Stoffen, in denen man versinken kann, unabhängig von der Absturzhöhe Absturzsicherungen haben, die verhindern, dass Personen hineinfallen können.	☐	☐	☐	
9.	ob bei Bauarbeiten Absturzsicherungen verwendet werden: • ab 1 m Absturzhöhe an frei liegenden Treppenläufen und -absätzen, Wandöffnungen und Bedienungsständen von Maschinen und deren Zugängen, • ab 2 m Absturzhöhe an allen übrigen Arbeitsplätzen und Verkehrswegen mit nachfolgend genannten Ausnahmen: – ab 3 m Absturzhöhe an Arbeitsplätzen und Verkehrswegen auf Dächern und – ab 5 m Absturzhöhe beim Mauern über die Hand und bei Arbeiten an Fenstern (z. B. Reinigungs- und Malerarbeiten, nicht Ein- und Ausbau).	☐	☐	☐	
10.	ob Hubarbeitsbühnen standsicher aufgestellt, geprüft und vorschriftsmäßig betrieben werden.	☐	☐	☐	
11.	ob vorhandene Boden- oder Deckenöffnungen durch Absturzsicherungen gesichert sind.	☐	☐	☐	
12.	ob bei hoch gelegenen Arbeitsplätzen, die eine Absturzsicherung nicht zulassen, der Schutz vor Absturz auf andere Weise gewährleistet wird (z. B. durch PSA gegen Absturz).	☐	☐	☐	
13.	ob Arbeiten auf hoch gelegenen Arbeitsplätzen nur dann ausgeführt werden, wenn die Witterungsverhältnisse (z. B. Schnee, Glätte, Wind) die Sicherheit der Beschäftigten nicht beeinträchtigen.	☐	☐	☐	

Empfohlene Schutzmaßnahmen:
U. a.: Absturzsicherungen/Umwehrungen anbringen, Öffnungen durch Geländer oder Abdeckungen sichern, PSA gegen Absturz bereitstellen und tragen, immer in Sicht- und Rufweite mit einem Kollegen/einer Kollegin arbeiten.

Datum, Unterschrift des Prüfers: ____________________

2 Elektrische Gefährdungen

Firma/Einrichtung und Stempel

Betriebsbereich: ______

Betrachtungseinheit (z. B. Arbeitsplatz, Tätigkeit): ______

Erstellt durch: ______

Ort und Datum der Prüfung: ______ (Ort), den ______ (Datum)

Nr.	Prüffragen	Gefährdung			Maßnahmen bis wann
		Ja	Nein	Nicht relevant	
2.1 Elektrischer Schlag				☐	
Gefahrenquelle: ***Berühren unter Spannung stehender Teile, Berühren leitfähiger Teile, die im Fehlerfall unter Spannung stehen***				☐	
Es sollte u. a. überprüft werden:					
1.	ob die Arbeitsmittel entsprechend den Betriebsbedingungen und den äußeren Einflüssen ausgewählt sind (z. B. IP-Schutzarten, mechanischer Schutz).	☐	☐	☐	
2.	ob die elektrischen Arbeitsmittel bestimmungsgemäß verwendet werden.	☐	☐	☐	
3.	ob der Basisschutz (Schutz gegen direktes Berühren) vorhanden und ausreichend ist (Isolierung, Abdeckung, sicherer Abstand).	☐	☐	☐	
4.	ob der Fehlerschutz (Schutz bei indirektem Berühren) durchgeführt und wirksam ist (z. B. Schutz durch Abschaltung oder Meldung, Schutzisolierung).	☐	☐	☐	
5.	ob der Zusatzschutz (Ergänzung der Schutzmaßnahmen gegen direktes Berühren bei Basis- und Fehlerschutzversagen), wenn erforderlich, vorhanden und wirksam (Fehlerstromschutzeinrichtung [RCD] $I\Delta N \leq 30$ mA) ist.	☐	☐	☐	
6.	ob die geforderten Schutzmaßnahmen bei erhöhter elektrischer Gefährdung angewendet und wirksam sind (Kleinspannung mittels SELV oder PELV, Schutztrennung, Fehlerstromschutzeinrichtung [RCD] $I\Delta N \leq 30$ mA).	☐	☐	☐	
7.	ob Arbeiten an aktiven Teilen erst nach Sicherstellen des spannungsfreien Zustands durchgeführt werden (Freischalten, gegen Wiedereinschalten sichern, Spannungsfreiheit feststellen, Erden und Kurzschließen, benachbarte unter Spannung stehende Teile abdecken oder abschranken).	☐	☐	☐	

Nr.	Prüffragen	Gefährdung			Maßnahmen bis wann
		Ja	Nein	Nicht relevant	
8.	ob Arbeiten an aktiven Teilen, deren spannungsfreier Zustand nicht sichergestellt werden kann, nur nach sicheren Verfahren durchgeführt werden.	☐	☐	☐	
9.	ob bei Arbeiten in der Nähe unter Spannung stehender Anlagen die festgelegten Sicherheitsabstände eingehalten werden.	☐	☐	☐	
10.	ob bei Arbeiten in der Nähe aktiver Teile (wenn Sicherheitsabstände nicht eingehalten werden können) eine der folgenden Schutzmaßnahmen angewendet wird: Sicherstellen des spannungsfreien Zustands oder Schutz gegen zufälliges Berühren durch isolierende Umhüllung, Kapselung, Abdeckung oder sonstige Schutzvorrichtungen.	☐	☐	☐	
11.	ob bei der Bereitstellung und Benutzung von elektrischen Arbeitsmitteln (z. B. Schalt- und Verteileranlagen, Leitungsroller, handgeführte Elektrowerkzeuge, Leuchten) auf Bau- und Montagestellen die besonderen Umgebungsbedingungen berücksichtigt werden.	☐	☐	☐	
12.	ob zur Versorgung elektrischer Anlagen und Betriebsmittel auf Bau- und Montagestellen nur Stromkreise benutzt werden, die durch Schaltgeräte freigeschaltet werden können.	☐	☐	☐	
13.	ob Arbeitsmittel nur aus zugeordneten Speisepunkten betrieben werden (z. B. Baustromverteiler, Ersatzstromerzeuger, Transformatoren mit getrennten Wicklungen).	☐	☐	☐	
14.	ob auf Bau- und Montagestellen nur bewegliche Gummischlauchleitungen vom Typ H07RN-F oder mindestens gleichwertiger Bauart benutzt werden.	☐	☐	☐	
15.	ob die Prüfungen von elektrischen Anlagen und Betriebsmitteln vor Inbetriebnahme, nach Reparaturen und in regelmäßigen Zeitabständen durchgeführt werden.	☐	☐	☐	
16.	ob das Entstehen von Gefahrstellen in besonderen Situationen oder Betriebszuständen verhindert wird (z. B. bei Reinigung, Störungsbeseitigung, Werkzeugwechsel).	☐	☐	☐	

Empfohlene Schutzmaßnahmen:
U. a.: nur CE-gekennzeichnete Geräte verwenden, Sichtkontrollen auf erkennbare Mängel vor Arbeitsbeginn vornehmen, regelmäßige Prüfung durch Elektrofachkraft vornehmen, bei Geräteschäden die Spannung sofort abschalten und den Stecker ziehen sowie die Schäden melden und durch eine Elektrofachkraft reparieren lassen, elektr. Betriebsstätten und Schaltanlagen kennzeichnen und ggs. absperren, Arbeiten in der Nähe elektr. Anlagen nur nach Anweisungen durch Elektrofachkraft ausführen, Arbeiten an elektrischen Betriebsmitteln nur durch Elektrofachkraft unter Beachtung der 5 Sicherheitsregeln ausführen lassen.

Nr.	Prüffragen	Gefährdung			Maßnahmen bis wann
		Ja	Nein	Nicht relevant	
2.2 Lichtbögen					
Gefahrenquelle: ***Kurzschlüsse, Schalthandlungen unter Last, keine geeigneten Messgeräte***					
Es sollte u. a. überprüft werden:					
1.	ob bei Schalthandlung unter Last PSA benutzt wird.	☐	☐	☐	
2.	ob beim Ziehen von NH-Sicherungen PSA benutzt wird (falls erforderlich).	☐	☐	☐	
3.	ob geeignete Messgeräte verwendet werden (Cat III, Cat IV).	☐	☐	☐	
Empfohlene Schutzmaßnahmen: *U. a.: Schutzausrüstung gegen die thermischen Auswirkungen eines Störlichtbogens bereitstellen und tragen, geeignete Messgeräte (Cat III und Cat IV) verwenden.*					

Nr.	Prüffragen	Ja	Nein	Nicht relevant	Maßnahmen bis wann
2.3 Elektrostatische Aufladungen					
Gefahrenquelle: ***Funkenbildung bei mechanischer Ladungstrennung, prozessbedingtes Auftreten (z. B. beim Zerkleinern, Versprühen, Zerstäuben, Strömen, Fördern, Abfüllen, Trennen und Reiben), Funkenbildung bei Entladung von elektrostatisch aufgeladenen Personen***					
Es sollte u. a. überprüft werden:					
1.	ob keine zündfähigen Entladungen auftreten können.	☐	☐	☐	
2.	ob gefährliche Aufladungen vorbeugend vermieden oder gefahrlos abgeleitet werden.	☐	☐	☐	
3.	ob Anlagenteile und Einrichtungen so beschaffen sind, dass durch sie eine explosionsfähige Atmosphäre nicht gezündet werden kann.	☐	☐	☐	
4.	ob sicherheitsrelevante Steuerungen so beschaffen sind, dass sie durch elektrostatisch aufgeladene Benutzer nicht beeinträchtigt werden.	☐	☐	☐	
5.	ob alle leitfähigen Ausrüstungsteile miteinander verbunden und geerdet sind (Potenzialausgleich).	☐	☐	☐	
6.	ob die Beschäftigten leitfähige Kleidungsstücke und Sicherheitsschuhe mit leitfähiger Sohle tragen.	☐	☐	☐	
7.	ob der Fußboden ausreichend leitfähig ist.	☐	☐	☐	
Empfohlene Schutzmaßnahmen: *U. a.: antistatische Schutzkleidung (leitfähig) bereitstellen und tragen, auf eigene Erdung achten, Arbeiten mit geerdeten Gegenständen sicherstellen, gefährliche Stoffe in Gefahrenbereichen minimieren bzw. ersetzen, elektrostatisch schützende Bodenbeläge verwenden.*					

Datum, Unterschrift des Prüfers: ______________________________

3 Stoffliche Gefährdungen

Firma/Einrichtung und Stempel

Betriebsbereich: ______________________________

Betrachtungseinheit (z. B. Arbeitsplatz, Tätigkeit): ______________________________

Erstellt durch: ______________________________

Ort und Datum der Prüfung: ______________________________ (Ort), den ______________ (Datum)

Nr.	Prüffragen	Gefährdung			Maßnahmen bis wann
		Ja	Nein	Nicht relevant	
3.1 Gase, 3.2 Dämpfe, 3.3 Aerosole, 3.4 Flüssigkeiten, 3.5 Feststoffe				☐	
Gefahrenquelle: ***Gefährdung durch Einatmen, durch Verschlucken, durch Einwirkung auf Schleimhäute (Augen), durch Einwirkung auf Haut (Nässe, starke Verschmutzung, abrasive Hautreinigung, hautreizende und sensibilisierende Stoffe, Hautaustrocknung)***				☐	
Es sollte u. a. überprüft werden:					
1.	ob Beschäftigte Tätigkeiten mit Gefahrstoffen durchführen oder ob Gefahrstoffe bei diesen Tätigkeiten entstehen oder freigesetzt werden.	☐	☐	☐	
2.	ob verfahrensbedingt Gefahrstoffe entstehen können.	☐	☐	☐	
3.	ob Gefahrstoffe durch Anwendung anderer Verfahren vermieden oder durch andere Arbeitsstoffe ersetzt werden können.	☐	☐	☐	
4.	ob für gefährliche Stoffe und Zubereitungen Sicherheitsdatenblätter vorhanden sind.	☐	☐	☐	
5.	ob ein Gefahrstoffverzeichnis erstellt wurde.	☐	☐	☐	
6.	ob gefährliche Stoffe und Zubereitungen gekennzeichnet sind.	☐	☐	☐	
7.	ob Schutzmaßnahmen entsprechend den Schutzstufen festgelegt wurden.	☐	☐	☐	
8.	ob ergänzende Schutzmaßnahmen gegen physikalisch-chemische Einwirkungen, insbesondere gegen Brand- und Explosionsgefahren, ergriffen wurden.	☐	☐	☐	
9.	ob Beschäftigte im Arbeitsbereich und in Nachbarbereichen geschützt (geschlossene Anlagen, Absaugungen, Lüftung, ggf. PSA, Expositionszeitbeschränkung) und über Gefährdung und Schutzmaßnahmen beim Umgang mit den Stoffen informiert sind (Betriebsanweisung, Unterweisung) und ob Sicherheitsabstände eingehalten werden.	☐	☐	☐	
10.	ob eine Messung der gefährlichen Stoffe in der Luft veranlasst worden ist (sichere Einhaltung der Arbeitsplatzgrenzwerte).	☐	☐	☐	

FORUM

Nr.	Prüffragen	Gefährdung			Maßnahmen bis wann
		Ja	Nein	Nicht relevant	
11.	ob ein Gefahrstoffverzeichnis erstellt wurde.	☐	☐	☐	
12.	ob Gefahrstoffe sicher gelagert und entsorgt werden.	☐	☐	☐	
13.	ob Maßnahmen gegen Betriebsstörungen und Unfälle, die mit hohen Gefahrstoffkonzentrationen verbunden sein können, getroffen wurden.	☐	☐	☐	
14.	ob Arbeitsstätten den hygienischen Anforderungen entsprechend gereinigt werden.	☐	☐	☐	
15.	ob vorgeschriebene Hygienemaßnahmen beim Umgang mit Gefahrstoffen eingehalten werden (Rauch-, Ess- und Trinkverbot).	☐	☐	☐	
16.	ob den Beschäftigten die Wirkung der eingesetzten Stoffe auf Haut und Körper bekannt ist.	☐	☐	☐	
17.	ob bei Tätigkeiten mit Gefahrstoffen nach ArbMedVV (Anhang, Teil 1) Vorsorgeuntersuchungen notwendig sind.	☐	☐	☐	
18.	ob Beschäftigte keinen erheblichen Anteil ihrer Arbeitszeit Arbeiten mit ihren Händen im feuchten Milieu ausführen (1/4 der Schichtdauer, ca. 2 Std.).	☐	☐	☐	
19.	ob die Tragedauer von flüssigkeitsdichten Handschuhen auf das notwendige Maß begrenzt wird (maximale kontinuierliche Tragedauer 4 Std.).	☐	☐	☐	
Empfohlene Schutzmaßnahmen: *U. a.: persönliche Schutzausrüstung gegen Chemikalien/Nässe bereitstellen und tragen, EG-Sicherheitsdatenblätter anfordern und vorhalten, Betriebsanweisungen für Gefahrstoffe erstellen und bereitstellen, Beschäftigte im Umgang mit Gefahrstoffen unterweisen, arbeitsmedizinische Vorsorgeuntersuchungen anbieten und durchführen, Gefahrstoffe durch weniger gefährliche Stoffe ersetzen (Substitution), Gefahrstoffe deutlich sichtbar kennzeichnen, Gefahrstoffe in geeigneten Behältern aufbewahren/lagern, einfaches Maßnahmenkonzept für Gefahrstoffe (EMKG) anwenden, geschlossene Anlagen und Apparaturen verwenden, Schadstoffe an der Entstehungs-/Austrittsstelle absaugen, umschlossene Räume belüften.*					
Gefahrenquelle: ***Arbeiten im feuchten Milieu***				☐	
Es sollte u. a. überprüft werden:					
1.	ob geeignete Hautschutz-, Hautreinigungs- und Hautpflegemittel den Beschäftigten zur Verfügung stehen und diese benutzt werden.	☐	☐	☐	
2.	ob in der Nähe der Arbeitsplätze an gut sichtbarer Stelle tätigkeitsbezogene Hautschutzpläne ausgehängt sind.	☐	☐	☐	
Empfohlene Schutzmaßnahmen: *U. a.: Schutzhandschuhe zur Verfügung stellen und nutzen, Hautschutzplan erstellen.*					

Datum, Unterschrift des Prüfers: ____

4 Biologische Gefährdungen

Firma/Einrichtung und Stempel

Betriebsbereich: ______

Betrachtungseinheit (z. B. Arbeitsplatz, Tätigkeit): ______

Erstellt durch: ______

Ort und Datum der Prüfung: ______ (Ort), den ______ (Datum)

Nr.	Prüffragen	Gefährdung Ja	Gefährdung Nein	Gefährdung Nicht relevant	Maßnahmen bis wann
4.1 Infektionsgefährdung durch pathogene Mikroorganismen (z. B. Bakterien, Viren, Pilze)				☐	
Gefahrenquelle: ***Infektion durch Umgang mit infizierten oder kontaminierten Materialien, Menschen oder Tieren***				☐	
Es sollte u. a. überprüft werden:					
1.	ob Beschäftigte bei ihrer Tätigkeit beabsichtigt oder unbeabsichtigt mit krankheitserregenden biologischen Arbeitsstoffen in Berührung kommen können.	☐	☐	☐	
2.	ob eine Einstufung des Gefährdungspotenzials der biologischen Arbeitsstoffe vorliegt und ob die erforderlichen Schutzmaßnahmen umgesetzt sind (Einhaltung der allgemeinen Hygieneregeln und Rangfolge der Schutzmaßnahmen).	☐	☐	☐	
3.	ob die Arbeitsstätten den hygienischen Anforderungen entsprechend gereinigt werden.	☐	☐	☐	
4.	ob ein Verzeichnis exponierter Beschäftigter bei Tätigkeiten mit biologischen Arbeitsstoffen der RG 4 geführt wird.	☐	☐	☐	
5.	ob Schutzimpfungen veranlasst sind, wenn ein Aufenthalt in tropischen und/oder subtropischen Gebieten vorgesehen ist.	☐	☐	☐	
6.	ob Vorsorgeaufwendungen bei Tätigkeiten mit biologischen Arbeitsstoffen (auch gentechnische Arbeiten mit humanpathogenen Organismen) nach ArbMedVV, Anhang, Teil 2 notwendig sind.	☐	☐	☐	

Empfohlene Schutzmaßnahmen:
U. a.: geschlossene Arbeitsverfahren verwenden, Hautkontakt vermeiden, geeignete Persönliche Schutzausrüstung bereitstellen und benutzen (z. B. Schutzhandschuhe, körperbedeckende Arbeits-/Schutzkleidung), Hygieneunterweisungen durchführen, Hautschutz-/Hygienepläne erstellen und aushängen, regelmäßige Reinigung und (Hände-)Desinfektion, Einhaltung der Hygieneregeln kontrollieren, arbeitsmedizinische Vorsorgeuntersuchungen anbieten und durchführen, natürliche oder technische Lüftung gewährleisten, Betretungsverbote.

Nr.	Prüffragen	Gefährdung			Maßnahmen bis wann
		Ja	Nein	Nicht relevant	
4.2 Sensibilisierende und toxische Wirkungen von Mikroorganismen				☐	
Gefahrenquelle: ***Gefährdung durch Einatmen, Verschlucken, Hautkontakt***				☐	
Es sollte u. a. überprüft werden:					
1.	ob Staub- oder Nebelentwicklung, Schimmelbildung, Bildung von Faulgasen (vor allem in wässrigen Systemen, z. B. wassergemischten Kühlschmierstoffen, Lackabscheidewänden) verhindert werden.	☐	☐	☐	
2.	ob nur Geräte zur Luftbefeuchtung eingesetzt werden, die keine Schmutz- oder Schimmelbeläge, Staub- oder Schlammablagerungen aufweisen.	☐	☐	☐	

Empfohlene Schutzmaßnahmen:
U. a.: geschlossene Arbeitsverfahren verwenden, Hautkontakt vermeiden, geeignete Persönliche Schutzausrüstung bereitstellen und benutzen (z. B. Schutzhandschuhe, körperbedeckende Arbeits-/Schutzkleidung), Hygieneunterweisungen durchführen, Hautschutz-/Hygienepläne erstellen und aushängen, regelmäßige Reinigung und (Hände-)Desinfektion, Einhaltung der Hygieneregeln kontrollieren, arbeitsmedizinische Vorsorgeuntersuchungen anbieten und durchführen, natürliche oder technische Lüftung gewährleisten, Betretungsverbote.

Datum, Unterschrift des Prüfers: ______________________________

5 Brand- und Explosionsgefährdungen

Firma/Einrichtung und Stempel

Betriebsbereich: ______

Betrachtungseinheit (z. B. Arbeitsplatz, Tätigkeit): ______

Erstellt durch: ______

Ort und Datum der Prüfung: ______ (Ort), den ______ (Datum)

Nr.	Prüffragen	Gefährdung Ja	Gefährdung Nein	Gefährdung Nicht relevant	Maßnahmen bis wann
5.1 Brennbare Feststoffe, Flüssigkeiten, Gase				☐	
Gefahrenquelle: ***Brandentstehung und -ausbreitung***				☐	
Es sollte u. a. überprüft werden:					
1.	ob leicht entzündliche oder selbstentzündliche Stoffe am Arbeitsplatz vorhanden sind.	☐	☐	☐	
2.	ob maximal nur so viele dieser Stoffe am Arbeitsplatz gelagert werden, wie für den Fortgang der Arbeiten erforderlich sind.	☐	☐	☐	
3.	ob diese Stoffe nicht mit Zündquellen in Berührung kommen.	☐	☐	☐	
4.	ob feuergefährdete Bereiche deutlich erkennbar und dauerhaft gekennzeichnet sind.	☐	☐	☐	
5.	ob für alle Räume, je nach Brandgefährdung und Größe, die erforderlichen Feuerlöscheinrichtungen vorhanden, geprüft, gekennzeichnet sowie leicht zugänglich sind.	☐	☐	☐	
6.	ob die Beschäftigten in der Handhabung der Feuerlöscheinrichtungen unterwiesen sind.	☐	☐	☐	
7.	ob für den Brandfall ein Alarmplan existiert und die Beschäftigten mit den notwendigen Maßnahmen und Verhaltensregeln vertraut sind.	☐	☐	☐	

Empfohlene Schutzmaßnahmen:
U. a.: Brandgefährdungen reduzieren (z. B. durch geschlossene Behälter, reduzierte Mengen), feuergefährdete Bereiche kennzeichnen, Sicherheitsunterweisungen durchführen, geeignete Feuerlöscher in ausreichender Anzahl vorhalten, Löschanlagen, Wartung der Löschanlagen einhalten, Feuermeldeeinrichtungen vorhalten, Brandschutztüren, Flucht- und Rettungswege kennzeichnen, Alarmpläne und Pläne für Flucht- und Rettungswege aushängen, Evakuierungsübungen durchführen.

FORUM

Nr.	Prüffragen	Gefährdung			Maßnahmen bis wann
		Ja	Nein	Nicht relevant	
5.2 Explosionsfähige Atmosphäre				☐	
Gefahrenquelle: ***Gase, Dämpfe und Nebel sowie Stäube***				☐	
Es sollte u. a. überprüft werden:					
1.	ob brennbare Stoffe in Form von Gasen, Dämpfen (z. B. Lösemitteldämpfe), Nebeln oder Stäuben (z. B. Metallstäube) vorhanden sind und ob daraus durch ausreichende Verteilung in der Luft ein explosionsfähiges Gemisch entstehen kann.	☐	☐	☐	
2.	ob Maßnahmen festgelegt wurden, die • die Bildung explosionsfähiger Atmosphäre in Gefahr drohender Menge verhindern oder einschränken, • die Entzündung dieser explosionsfähigen Atmosphäre verhindern, • die Auswirkungen einer Explosion auf ein unbedenkliches Maß beschränken, • die bisher genannten Maßnahmen durch Sicherheits-, Kontroll- und Regelvorrichtungen (Prozessleittechnik) aufrechterhalten.	☐	☐	☐	
3.	ob nur solche Arbeitsmittel in explosionsgefährdeten Bereichen eingesetzt werden, die unter den tatsächlichen Betriebs- und Einsatzbedingungen dazu geeignet sind (u. a. Gerätekategorie beachten).	☐	☐	☐	
4.	ob explosionsgefährdete Bereiche deutlich erkennbar und dauerhaft gekennzeichnet sind.	☐	☐	☐	
5.	ob ein Explosionsschutzdokument erstellt und aktualisiert wurde.	☐	☐	☐	
6.	ob ein Arbeitsfreigabesystem existiert (z. B. Freigabeschein bei notwendigen Instandhaltungsarbeiten).	☐	☐	☐	
7.	ob die Explosionsschutzmaßnahmen in regelmäßigen Abständen durch befähigte Personen auf ihre Wirksamkeit überprüft werden.	☐	☐	☐	
8.	Tex ob zusätzlich notwendige organisatorische Maßnahmen des Explosionsschutzes ergriffen werden (Betriebsanweisungen, Qualifikation und Unterweisung der Beschäftigten).	☐	☐	☐	
9.	ob notwendige Koordinierungspflichten beim Einsatz voneinander unabhängiger Personen in explosionsgefährdeten Bereichen wahrgenommen werden (z. B. Koordinator bei Fremdfirmeneinsatz).	☐	☐	☐	

Empfohlene Schutzmaßnahmen:
U. a.: Explosionsschutzzonen einteilen und kennzeichnen, natürliche und technische Lüftung zur Verhinderung explosionsgefährlicher Atmosphäre gewährleisten, Konzentration überwachen (z. B. mit mobilen oder ortsfesten Gaswarngeräten), nur geeignete Betriebsmittel bereitstellen und einsetzen, Betretungsverbote.

FORUM

Nr.	Prüffragen	Gefährdung			Maßnahmen bis wann
		Ja	Nein	Nicht relevant	
5.3 Elektrostatische Aufladungen				☐	
Gefahrenquelle: ***Sprengstoffe, Sprengzubehör, pyrotechnische Artikel***				☐	
Es sollte u. a. überprüft werden:					
1.	ob Sicherheitsmaßnahmen beim Umgang mit explosionsgefährlichen Stoffen ergriffen werden.	☐	☐	☐	
2.	ob die Verwendung von Sprengstoffen genehmigt worden ist.	☐	☐	☐	
3.	ob nur zugelassene Sprengstoffe und Sprengzubehör eingeführt bzw. verwendet werden.	☐	☐	☐	
4.	ob nur fachkundige und beauftragte Personen Umgang mit diesen Stoffen haben.	☐	☐	☐	
5.	ob alle Sicherheitsbestimmungen eingehalten werden (z. B. Einrichtung von Betriebsanlagen, Schutzabstände etc.).	☐	☐	☐	
6.	ob Spreng- und Zündpläne vorhanden sind.	☐	☐	☐	
7.	ob bei Arbeiten an Airbag- und Gurtstraffereinheiten sichergestellt wird, dass es zu keiner ungewollten Zündung kommen kann.	☐	☐	☐	
Empfohlene Schutzmaßnahmen: *U. a.: Sicherheitsunterweisungen durchführen, nur zugelassene Sprengstoffe verwenden, Schutzabstände einhalten, Spreng- und Zündpläne erstellen und einhalten.*					

Datum, Unterschrift des Prüfers: ______________________________

6 Thermische Gefährdungen

Firma/Einrichtung und Stempel

Betriebsbereich: ______________________________

Betrachtungseinheit (z. B. Arbeitsplatz, Tätigkeit): ______________________________

Erstellt durch: ______________________________

Ort und Datum der Prüfung: ______________________ (Ort), den ______________ (Datum)

Nr.	Prüffragen	Gefährdung			Maßnahmen bis wann
		Ja	Nein	Nicht relevant	
6.1 Heiße Medien/Oberflächen				☐	
Gefahrenquelle: ***Offene Flammen, heiße Oberflächen von Arbeitsmitteln, Werkstücken, Werkzeugen, Brennöfen, Rohrleitungen, heiße Flüssigkeiten, Heißdampf, Spritzer von heißen Materialien***				☐	
Es sollte u. a. überprüft werden:					
1.	ob der Kontakt zu heißen Medien verhindert ist (z. B. durch Verwendung geschlossener Systeme für heiße Medien, Isolierungen, trennende Schutzeinrichtungen).	☐	☐	☐	
2.	ob erforderliche Kennzeichnungen vorhanden sind.	☐	☐	☐	
Empfohlene Schutzmaßnahmen: *U. a.: Gefahrstellen (z. B. heiße Rohre) abschirmen, Gefahrstellen deutlich kennzeichnen, geeignete persönliche Schutzausrüstung bereitstellen.*					

6.2 Kalte Medien/Oberflächen				☐	
Gefahrenquelle: ***Kälte- und Kühlmittel, kalte Rohrleitungen, Metallteile, Arbeitsmittel***				☐	
Es sollte u. a. überprüft werden:					
1.	ob der Kontakt zu kalten Medien verhindert ist (z. B. durch Nutzung von Hilfsmitteln für Transport kalter Produkte).	☐	☐	☐	
Empfohlene Schutzmaßnahmen: *U. a.: Gefahrstellen (z. B. kalte Rohre) abschirmen, Gefahrstellen deutlich kennzeichnen, geeignete persönliche Schutzausrüstung bereitstellen.*					

Datum, Unterschrift des Prüfers: ______________________________

7 Physikalische Gefährdungen

Firma/Einrichtung und Stempel

Betriebsbereich: ____

Betrachtungseinheit (z. B. Arbeitsplatz, Tätigkeit): ____

Erstellt durch: ____

Ort und Datum der Prüfung: ____ (Ort), den ____ (Datum)

Nr.	Prüffragen	Gefährdung			Maßnahmen bis wann
		Ja	Nein	Nicht relevant	
7.1 Lärm				☐	
Gefahrenquelle: ***Lärmquellen***				☐	
Es sollte u. a. überprüft werden:					
1.	ob Maßnahmen getroffen sind, um als Lärm empfundene Geräusche auf den niedrigsten Pegel zu senken.	☐	☐	☐	
2.	ob Lärmbereiche ermittelt wurden.	☐	☐	☐	
3.	ob dominierende Lärmquellen räumlich getrennt aufgestellt, abgeschirmt oder gekapselt sind.	☐	☐	☐	
4.	ob zusätzliche Schallquellen mit Gehörgefährdung berücksichtigt, verboten oder leise eingestellt sind (z. B. Radiogeräte am Arbeitsplatz).	☐	☐	☐	
Gefahrenquelle: ***Keine oder unzureichende Angaben zur Geräuschemission***				☐	
Es sollte u. a. überprüft werden:					
1.	ob für Arbeitsmittel aus der Betriebsanleitung bzw. technischen Dokumentation Angaben zur Geräuschemission bekannt sind.	☐	☐	☐	
2.	ob bei der Beschaffung neuer Arbeitsmittel Geräuschemissionen unter Betriebs- und Aufstellungsbedingungen erfragt worden sind.	☐	☐	☐	
Gefahrenquelle: ***Hohe Spitzenpegel***				☐	
Es sollte u. a. überprüft werden:					
1.	ob das Entstehen von extrem hohen Spitzenpegeln verhindert wird.	☐	☐	☐	
Gefahrenquelle: ***Schallreflexion***				☐	
Es sollte u. a. überprüft werden:					
1.	ob Maßnahmen zur Verminderung der Schallreflexionen ergriffen werden.	☐	☐	☐	

Nr.	Prüffragen	Gefährdung			Maßnahmen bis wann
		Ja	Nein	Nicht relevant	
Gefahrenquelle: ***Fehlende Unterweisung***				☐	
Es sollte u. a. überprüft werden:					
1.	ob bei Erreichen oder Überschreiten des Tages-Lärmexpositionspegels von 80 dB(A) bzw. des Spitzenschallpegels von 135 dB(C) die Beschäftigten über Lärmgefährdung und Schutzmaßnahmen unterwiesen werden.	☐	☐	☐	
Gefahrenquelle: ***Fehlende Vorsorgeuntersuchung, fehlender Gehörschutz***				☐	
Es sollte u. a. überprüft werden:					
1.	ob bei Erreichen oder Überschreiten des Tages-Lärmexpositionspegels von 80 dB(A) bzw. des Spitzenschallpegels von 135 dB(C) • ein Angebot zu arbeitsmedizinischen Vorsorgeuntersuchungen nach ArbMedVV • gemacht wird, • geeigneter Gehörschutz zur Verfügung gestellt wird.	☐	☐	☐	
2.	ob Mitarbeiter in die Auswahl von Gehörschutz mit einbezogen werden.	☐	☐	☐	
3.	ob bei Erreichen oder Überschreiten des Tages-Lärmexpositionspegels von 85 dB(A) bzw. des Spitzenschallpegels von 137 dB(C) • Gehörschutz benutzt wird (Gehörschutzstöpsel, Kapselgehörschützer), • arbeitsmedizinische Vorsorgeuntersuchungen nach ArbMedVV veranlasst werden, • Lärmbereiche gekennzeichnet sind (Gebotszeichen M 03 „Gehörschutz benutzen"). • ein Programm zur Verringerung der Lärmexposition erstellt wird.	☐	☐	☐	
4.	ob Gefahrensignale trotz Betriebslärm wahrnehmbar sind.	☐	☐	☐	
Empfohlene Schutzmaßnahmen: *U. a.: personenbezogene Tages-Lärmexpositionspegel ermitteln, Arbeitszeiten in Lärmbereichen reduzieren, Maschinen mit geringen Geräuschemissionen bei Neuanschaffung bevorzugen, Sicherheitsunterweisungen durchführen, Vorsorgeuntersuchungen (G20) anbieten und durchführen, Persönliche Schutzausrüstung bereitstellen (Gehörschutz).*					

7.2 Ultraschall/Infraschall				☐	
Gefahrenquelle: ***Luftgeleiteter Schall***				☐	
Es sollte u. a. überprüft werden:					
1.	ob zusätzliche Maßnahmen an Arbeitsmitteln getroffen werden müssen, die Ultra-/Infraschall verwenden oder abstrahlen.	☐	☐	☐	
2.	ob Ultraschallquellen gekapselt oder abgeschirmt sind.	☐	☐	☐	
Empfohlene Schutzmaßnahmen: *U. a.: laute Schallquellen nach Möglichkeit räumlich trennen/abschirmen/abkapseln, Schall absorbierende Wand- und Deckenverkleidungen vorsehen.*					

Nr.	Prüffragen	Gefährdung			Maßnahmen bis wann
		Ja	Nein	Nicht relevant	
7.3 Ganzkörpervibrationen				☐	
Gefahrenquelle: ***Einleitung über das Gesäß beim sitzenden Menschen auf Fahrzeugen und Transportmitteln in Abhängigkeit von Typ, täglicher effektiver Fahrzeit, Fahrbahnzustand und Fahrweise***				☐	
Es sollte u. a. überprüft werden:					
1.	ob schwingungsdämpfende Maßnahmen durchgeführt werden.	☐	☐	☐	
2.	ob und wie oft über längere Zeiträume mit Fahrzeugen oder Transportmitteln gearbeitet wird, bei denen deutliche Schwingungen im Sitzen gespürt werden (z. B. Gabelstapler, Elektrokarren, Lkw, Traktoren, Bagger, Schlepper).	☐	☐	☐	
3.	ob dominierende Lärmquellen räumlich getrennt aufgestellt, abgeschirmt oder gekapselt sind.	☐	☐	☐	
4.	ob Fahren in ungünstiger oder verdrehter Körperhaltung vermieden wird.	☐	☐	☐	
5.	ob Fahrbahnen eben und Fahrbahnstöße verhindert sind (z. B. durch Schlaglöcher).	☐	☐	☐	
6.	ob der Arbeitsablauf so organisiert werden kann, dass sich effektive Fahrzeiten (Expositionszeiten) reduzieren lassen.	☐	☐	☐	
7.	ob bei der Beschaffung von Fahrzeugen auf Typen mit geringen Vibrationswerten geachtet wird (Angabepflicht des Herstellers in Betriebsanleitung nach ProdSG).	☐	☐	☐	
8.	ob schwingungsgedämpfte Sitze montiert, richtig eingestellt und gewartet sind.	☐	☐	☐	
Gefahrenquelle: ***Fehlende Unterweisung***				☐	
Es sollte u. a. überprüft werden:					
1.	ob die Beschäftigten über die Gefährdungen durch Ganzkörpervibrationen informiert sind, wenn der Auslösewert A(8) = 0.5 m/s^2 (Tagesexpositionswert) erreicht wird.	☐	☐	☐	
Gefahrenquelle: ***Keine Maßnahmen bei Überschreiten des Auslösewerts***				☐	
Es sollte u. a. überprüft werden:					
1.	ob Maßnahmen bei Überschreiten des Auslösewerts für Ganzkörpervibrationen ergriffen werden (z. B. technische Maßnahmen [Minderungsprogramm] und organisatorische Maßnahmen [u. a. Vorsorgeuntersuchungen nach ArbMedVV]).	☐	☐	☐	
Gefahrenquelle: ***Fehlende Vorsorgeuntersuchung***				☐	
Es sollte u. a. überprüft werden:					
1.	ob arbeitsmedizinische Vorsorgeuntersuchungen veranlasst werden (ab einem Expositionsgrenzwert von A(8) = 0.8 m/s^2).	☐	☐	☐	
Empfohlene Schutzmaßnahmen: *U. a.: bei Neubeschaffung von Fahrzeugen und Arbeitsmitteln auf geringe Vibrationswerte achten, Fahrzeuge mit schwingungsgedämpften Sitzen ausstatten, Expositionszeiten reduzieren, Sicherheitsunterweisung durchführen, Vorsorgeuntersuchung (ArbMedVV) anbieten und durchführen.*					

Nr.	Prüffragen	Gefährdung			Maßnahmen bis wann
		Ja	Nein	Nicht relevant	
7.4 Hand-Arm-Vibrationen				☐	
Gefahrenquelle: ***Einleitung über Hände und Arme durch handgehaltene und geführte Arbeitsmittel in Abhängigkeit vom Typ und täglicher effektiver Einsatzzeit***				☐	
Es sollte u. a. überprüft werden:					
1.	ob eine zu hohe tägliche Schwingungsbelastung verhindert wird.	☐	☐	☐	
2.	ob handgehaltene und -geführte Arbeitsmittel und Werkzeuge ersetzt	☐	☐	☐	
3.	werden können, die zu Belastungen der Gelenke führen.	☐	☐	☐	
4.	ob hochtourige Arbeitsmittel und Werkzeuge (20 bis 1.000 Hz), die zu Belastungen der Hände führen, ersetzt werden können.	☐	☐	☐	
5.	ob schwingungsgeminderte Werkzeuge und Arbeitsmittel im Einsatz sind (z. B. Schleifscheiben).	☐	☐	☐	
6.	ob Handgriffe mit Dämpfungen oder Abfederungen vorhanden sind.	☐	☐	☐	
7.	ob Verfahrensänderungen zur Beseitigung oder Minderung hoher Expositionen geprüft wurden.	☐	☐	☐	
8.	ob bei der Beschaffung auf Geräte mit geringen Vibrationswerten geachtet wird (Angabepflicht des Herstellers nach ProdSG).	☐	☐	☐	
9.	ob hohe Greif- und Andruckkräfte durch technische Mittel oder geeignete Arbeitsweisen vermieden werden.	☐	☐	☐	
10.	ob spezielle Schwingungsschutz-Handschuhe erprobt und eingesetzt werden (u. a. bei Arbeiten im Freien und bei Kälte).	☐	☐	☐	
11.	ob die Beschäftigten über die Gefährdungen durch Hand-Arm-Vibrationen informiert werden, wenn der Auslösewert A(8) = 2.5 m/s² (Tagesexpositionswert) erreicht wird.	☐	☐	☐	
12.	ob Maßnahmen bei Überschreiten des Auslösewerts für Hand-Arm-Vibrationen ergriffen werden (z. B. technische Maßnahmen [Minderungsprogramm] und organisatorische Maßnahmen (u. a. Vorsorgeuntersuchungen nach ArbMedVV).	☐	☐	☐	
Empfohlene Schutzmaßnahmen: *U. a.: hohe Expositionen beseitigen oder mindern, schwingungsgeminderte Werkzeuge/Arbeitsmittel einsetzen, Handgriffe mit Dämpfungen/Abfederungen verwenden, Verfahren ändern, Einsatzzeiten reduzieren, Sicherheitsunterweisung durchführen, Vorsorgeuntersuchung (G 46) anbieten und durchführen.*					

Nr.	Prüffragen	Gefährdung			Maßnahmen bis wann
		Ja	Nein	Nicht relevant	
7.5 Nicht ionisierende Strahlung (z. B. UV-, IR-, Laserstrahlung)				☐	
Gefahrenquelle: ***Arbeitsplätze mit hoher Sonnen- und Hitzeexposition; Strahlenexposition durch optische Strahlung (z. B. UV-Trocknung und -härtung, Lichtbogenschweißen, Entladungslampen, Infrarottrocknung, Laser und Laserdioden)***				☐	
Es sollte u. a. überprüft werden:					
1.	ob Geräte, die Strahlung erzeugen, nur entsprechend den Betriebsanweisungen der Hersteller verwendet werden.	☐	☐	☐	
2.	ob Geräte, die Strahlung erzeugen, regelmäßig sicherheitstechnisch überprüft werden.	☐	☐	☐	
3.	ob Arbeitsanweisungen bestehen.	☐	☐	☐	
4.	ob ausreichende Schutzmaßnahmen gegen UV-Strahlen vorhanden sind (besonders Augenschutz).	☐	☐	☐	
5.	ob UV-Schutz auch im Freien beachtet wird.	☐	☐	☐	
6.	ob in Bereichen starker Infrarotstrahlung die Einwirkung von Wärmestrahlung auf den Menschen verhindert wird.	☐	☐	☐	
7.	ob alle Laser den Klassen 1, 1M, 2, 2M, 3R, 3B und 4 zugeordnet und gekennzeichnet sind.	☐	☐	☐	
8.	ob die Lasereinrichtungen mit den erforderlichen Schutzeinrichtungen ausgerüstet sind (z. B. Abschirmungen).	☐	☐	☐	
Gefahrenquelle: ***Arbeitsplätze mit hoher Sonnen- und Hitzeexposition***				☐	
Es sollte u. a. überprüft werden:					
1.	ob ausreichende Schutzmaßnahmen bei Ozonbildung und Bildung von anderen Gasen durch UV getroffen wurden.	☐	☐	☐	
2.	ob die Grenzwerte am Arbeitsplatz für Ozon und ggf. andere Gase eingehalten werden.	☐	☐	☐	
3.	ob die zulässigen Werte für optische Strahlung und Hitze eingehalten werden.	☐	☐	☐	
Empfohlene Schutzmaßnahmen: *U. a.: Arbeitsmittel mit geringer Strahlung verwenden, Schatten zum Schutz vor natürlicher UV-Strahlung erzeugen (überdachte Standplätze, Sonnensegel, Sonnenschirme), geeignete Arbeitskleidung bereitstellen und tragen (insbesondere Haut- und Kopfschutz, Sonnenbrillen), Sonnenschutzmittel bereitstellen und verwenden, Arbeitsanweisungen erstellen und einhalten, Sicherheitsunterweisungen durchführen und befolgen.*					

Nr.	Prüffragen	Gefährdung			Maßnahmen bis wann
		Ja	Nein	Nicht relevant	
7.6 Ionisierende Strahlung (z. B. Röntgen-, Gamma-, Teilchenstrahlung)				☐	
Gefahrenquelle: ***Strahlenexposition durch externe Bestrahlung beim Umgang mit Röntgenanlagen und Bestrahlungseinheiten (z. B. Materialprüfung, Mess- und Regeltechnik); Strahlenexposition durch interne Bestrahlung bzw. Inkorporation (z. B. beim Umgang mit offenen radioaktiven Stoffen in Isotopenlaboratorien oder Leuchtfarbensetzereien, beim Vorliegen von Kontaminationen mit radioaktiven Stoffen, durch Störfall bei unbeabsichtigter Entgegennahme von radioaktiv kontaminierten Stoffen [Schrott, Abfall] und beim Transport).***				☐	
Es sollte u. a. überprüft werden:					
1.	ob strahlenerzeugende Geräte nur entsprechend den Betriebsanweisungen der Hersteller verwendet werden.	☐	☐	☐	
2.	ob der Betrieb von Anlagen mit hohem Gefährdungspotenzial genehmigt ist (z. B. Bauartzulassung).	☐	☐	☐	
3.	ob die Gefährdungsbereiche abgegrenzt und gekennzeichnet sind.	☐	☐	☐	
4.	ob Aufenthaltszeit, Abstand und Abschirmung optimiert sind.	☐	☐	☐	
5.	ob im Betrieb ein Strahlenschutzbeauftragter mit einer Strahlenschutzausbildung bestellt wurde.	☐	☐	☐	
6.	ob die organisatorischen Strahlenschutzmaßnahmen in einer betriebsinternen Weisung festgelegt sind (Kompetenzen und Aufgaben).	☐	☐	☐	
7.	ob Beschäftigte als beruflich strahlenexponiert gelten.	☐	☐	☐	
8.	ob ein Abfallkonzept für radioaktive Stoffe vorliegt.	☐	☐	☐	
9.	ob die Vorschriften des Umweltschutzes eingehalten werden.	☐	☐	☐	
10.	ob eine Strahlenschutzanweisung vorhanden ist.	☐	☐	☐	
Empfohlene Schutzmaßnahmen: *U. a.: Geräte/Anlagen mit geringen Strahlenexpositionswerten einsetzen, Betriebsanweisungen einhalten, Gefährdungsbereiche abgrenzen und kennzeichnen, Einsatzzeiten reduzieren, Strahlenschutzanweisung erstellen und einhalten, Sicherheitsunterweisung durchführen und befolgen.*					

Nr.	Prüffragen	Gefährdung			Maßnahmen bis wann
		Ja	Nein	Nicht relevant	
7.7 Elektromagnetische Felder				☐	
Gefahrenquelle: ***Exposition durch elektromagnetische Wechselfelder (Hochfrequenz und Niederfrequenz) sowie statische elektrische und magnetische Felder (z. B. Induktionsschmelzöfen, Induktionsschweißen, Mikrowellenöfen, Hochfrequenzschweißanlagen für PVC, Hochspannungsanlagen und Starkstromanlagen, Sendeantennen, Galvanisieranlagen, Schweißautomaten, Magnetprüfung)***				☐	
Es sollte u. a. überprüft werden:					
1.	ob Beschäftigte elektromagnetischen Feldern ausgesetzt sind.	☐	☐	☐	
2.	ob Expositionsbereiche beurteilt wurden (Expositionsbereiche festlegen, auftretende elektromagnetische Felder ermitteln, Beurteilung einer Exposition durch Vergleich mit zulässigen Werten).	☐	☐	☐	
3.	ob umgehend Maßnahmen angewendet wurden, die verhindern, dass unzulässige Expositionen auftreten (z. B. Sicherung des Gefahrbereichs, Abschirmung, Abstand, Reduzierung der Leistung, Abschaltung, Begrenzung der Aufenthaltsdauer mit Zugangskontrollen, PSA).	☐	☐	☐	
4.	ob die Gefahrenbereiche bestimmt und gekennzeichnet wurden (im Besonderen für Herzschrittmacherträger).	☐	☐	☐	
5.	ob Betriebsanweisungen erstellt wurden.	☐	☐	☐	
6.	ob die Personen, die in Gefahrenbereichen tätig sind, regelmäßig alle 12 Monate unterwiesen werden.	☐	☐	☐	
7.	ob die zulässigen Basiswerte für elektromagnetische Feldexpositionen an Arbeitsplätzen eingehalten werden.	☐	☐	☐	
8.	ob Gefährdungen durch ungenügende elektromagnetische Verträglichkeit von technischen Einrichtungen, Geräten und Anlagen ausgeschlossen sind (z. B. Bildschirmflimmern, Störungen von sicherheitsrelevanten Steuerungen).	☐	☐	☐	
Empfohlene Schutzmaßnahmen: *U. a.: Gefahrbereiche sichern, Abschirmung, Abstand, Reduzierung der Leistung, Abschaltung, Begrenzung der Aufenthaltsdauer mit Zugangskontrollen, PSA, Sicherheitsunterweisung durchführen und befolgen.*					

Nr.	Prüffragen	Gefährdung			Maßnahmen bis wann
		Ja	Nein	Nicht relevant	
7.8 Unter- oder Überdruck				☐	
Gefahrenquelle: ***Luftdruckänderungen im Bergbau, Caisson- und Tunnelarbeiten***				☐	
Es sollte u. a. überprüft werden:					
1.	ob bei Arbeiten unter Überdruck Schädigungen beim Einschleusen (zu schnell), bei der Arbeit selbst (zu hoher Druck) sowie beim Ausschleusen (zu schnell) ausgeschlossen sind.	☐	☐	☐	
Gefahrenquelle: ***Tätigkeiten in Höhenlagen***				☐	
Es sollte u. a. überprüft werden:					
1.	ob bei Arbeiten gem. § 12 DruckluftVO ein Arzt erreichbar bzw. anwesend ist.	☐	☐	☐	
2.	ob bei Arbeiten in Höhenlagen (ab etwa 2.500 m) in den ersten Tagen schwere körperliche Arbeit vermieden wird.	☐	☐	☐	
3.	ob bei Tätigkeiten in Druckluft Vorsorgeuntersuchungen durchgeführt werden.	☐	☐	☐	
Empfohlene Schutzmaßnahmen: *U. a.: Arbeiten in Höhenlagen vermeiden, verkürzte Einsätze, Dekompressions- und Wartezeiten verlängern, arbeitsmedizinische Vorsorgeuntersuchung anbieten und durchführen, Sicherheitsunterweisung durchführen und befolgen.*					

Datum, Unterschrift des Prüfers: ______________________________

8 Gefährdungen durch die Arbeitsumgebung

Firma/Einrichtung und Stempel

Betriebsbereich: ______

Betrachtungseinheit (z. B. Arbeitsplatz, Tätigkeit): ______

Erstellt durch: ______

Ort und Datum der Prüfung: ______ (Ort), den ______ (Datum)

Nr.	Prüffragen	Gefährdung Ja	Gefährdung Nein	Gefährdung Nicht relevant	Maßnahmen bis wann
8.1 Klima (z. B. Hitze, Kälte)				☐	
Gefahrenquelle: ***Falsche Raumtemperatur und relative Luftfeuchte***				☐	
Es sollte u. a. überprüft werden:					
1.	ob der Messwert für die Raumtemperatur dem geforderten Mindestwert der ASR 3.5 (in Abhängigkeit von der Arbeitsschwere) entspricht.	☐	☐	☐	
2.	ob Raumtemperaturen >26 °C vermieden werden.	☐	☐	☐	
3.	ob die relative Luftfeuchtigkeit den empfohlenen Werten von 40–60 % entspricht und 30 % nicht unterschritten werden.	☐	☐	☐	
4.	ob Raumtemperatur und Luftfeuchtigkeit als angenehm empfunden werden.	☐	☐	☐	
5.	ob eine Belastung durch Sonneneinstrahlung verhindert wird (z. B. durch Außenjalousien).	☐	☐	☐	
6.	ob Reizungen der Atemwege vermieden werden (z. B. durch zu trockene Raumluft).	☐	☐	☐	
7.	ob die Arbeitsräume in der heißen Jahreszeit in der Nacht ausreichend abgekühlt werden können.	☐	☐	☐	
Gefahrenquelle: ***Unzureichende Belüftung***				☐	
Es sollte u. a. überprüft werden:					
1.	ob Arbeitsplätze ausreichend belüftet werden.	☐	☐	☐	
Gefahrenquelle: ***Tabakrauch***				☐	
Es sollte u. a. überprüft werden:					
1.	ob bei Tabakrauch der Schutz der nicht rauchenden Beschäftigten und von Besuchern gewährleistet ist.	☐	☐	☐	

Nr.	Prüffragen	Gefährdung			Maßnahmen bis wann
		Ja	Nein	Nicht relevant	
Gefahrenquelle: ***Zugluft***				☐	
Es sollte u. a. überprüft werden:					
1.	ob auf Klagen von Beschäftigten über Zugluft reagiert wird.	☐	☐	☐	
Gefahrenquelle: ***Hitzearbeit***				☐	
Es sollte u. a. überprüft werden:					
1.	ob bei Hitzearbeit für Luftbewegung gesorgt wird (freie oder zwangsweise Lüftung).	☐	☐	☐	
2.	ob bei Hitzearbeit die Luft gekühlt wird.	☐	☐	☐	
3.	ob schwere körperliche Arbeit unter Hitzebedingungen nur unter Berücksichtigung eines angemessenen Arbeitszeit-Pausenregimes ausgeführt wird.	☐	☐	☐	
4.	ob geeignete Pausenräume zur Verfügung stehen.	☐	☐	☐	
5.	ob den Beschäftigten zur Regelung des Flüssigkeitshaushalts geeignete Getränke zur Verfügung stehen.	☐	☐	☐	
6.	ob bei Tätigkeiten mit extremer Hitzebelastung Vorsorgeuntersuchungen durchgeführt werden.	☐	☐	☐	
Gefahrenquelle: ***Wärmebelastung durch Strahlungswärme***				☐	
Es sollte u. a. überprüft werden:					
1.	ob für Personen, die einer effektiven Bestrahlungsstärke $\geq$300 W/m^2 ausgesetzt sind, thermisch neutrale Bereiche (Wärmestromdichte $\pm$0 W/m^2) zur Verfügung stehen.	☐	☐	☐	
Gefahrenquelle: ***Arbeiten im Kältebereich, Aufenthalt in Kühlräumen***				☐	
Es sollte u. a. überprüft werden:					
1.	ob die Vorschriften für Kältearbeiten eingehalten und bei den betroffenen Beschäftigten Vorsorgeuntersuchungen nach ArbMedVV durchgeführt werden.	☐	☐	☐	
2.	ob Aufwärmräume vorhanden und Aufwärmzeiten festgelegt sind.	☐	☐	☐	
3.	ob erforderliche Kennzeichnungen bei Arbeiten im Kältebereich oder Aufenthalt in Kühlbereichen vorhanden sind.	☐	☐	☐	
4.	ob ortsfeste begehbare Kühlräume mit einer Grundfläche von mehr als 10 m^2 jederzeit verlassen werden können.	☐	☐	☐	
5.	ob ortsfeste begehbare Kühlräume mit Temperaturen unter –10 °C und einer Grundfläche über 20 m^2 über eine vom allgemeinen Stromversorgungsnetz unabhängige Notrufeinrichtung verfügen.	☐	☐	☐	

Nr.	Prüffragen	Gefährdung			Maßnahmen bis wann
		Ja	Nein	Nicht relevant	
Gefahrenquelle: ***Arbeiten im Freien***					
Es sollte u. a. überprüft werden:					
1.	ob Arbeitsplätze ausreichend gegen Witterungseinflüsse geschützt sind.	☐	☐	☐	
Empfohlene Schutzmaßnahmen: *U. a.: Arbeitszeiten anpassen, bedarfsgerechte Regelung der Temperatur (z. B. durch Heizung, Klimaanlage, Jalousien etc.), Wärme-/Feuchteisolation, freie oder zwangsweise Stoßlüftung, natürliche oder technische Lüftung, Luftbefeuchter, Durchzug verhindern, Schutzkleidung bereitstellen (Winter-, Regenkleidung).*					
8.2 Beleuchtung, Licht				☐	
Gefahrenquelle: ***Unzureichender Tageslichteinfall***					
Es sollte u. a. überprüft werden:					
1.	ob die Arbeitsräume ausreichend Tageslicht erhalten.	☐	☐	☐	
Gefahrenquelle: ***Mangelhafte Beleuchtungsstärke***					
Es sollte u. a. überprüft werden:					
1.	ob die Messwerte über der vorgegebenen Nennbeleuchtungsstärke nach DIN EN 12464-1 am Arbeitsplatz (in Abhängigkeit von der Sehaufgabe) liegen.	☐	☐	☐	
2.	ob die Beleuchtung subjektiv als angenehm empfunden wird.	☐	☐	☐	
3.	ob die Helligkeitsverteilung und Beleuchtung durch helle Decken und Wände positiv beeinflusst werden.	☐	☐	☐	
4.	ob die geforderte Nennbeleuchtungsstärke auf Baustellen erbracht wird.	☐	☐	☐	
Gefahrenquelle: ***Keine Not- und Sicherheitsbeleuchtung***					
Es sollte u. a. überprüft werden:					
1.	ob eine Not- und Sicherheitsbeleuchtung vorhanden ist (u. a. für Rettungswege und Arbeitsplätze mit besonderer Gefährdung).	☐	☐	☐	
Gefahrenquelle: ***Schlechte Leuchtdichteverteilung im Gesichtsfeld (Kontraste)***					
Es sollte u. a. überprüft werden:					
1.	ob Belastungen des Auges durch häufigen Wechsel zwischen sehr hellen und sehr dunklen Flächen (große Kontraste) vermieden werden.	☐	☐	☐	
2.	ob die Unterschiede der Leuchtdichte im empfohlenen Bereich liegen.	☐	☐	☐	

Nr.	Prüffragen	Gefährdung			Maßnahmen bis wann
		Ja	Nein	Nicht relevant	
Gefahrenquelle: ***Direkt- und Reflexblendung***					
Es sollte u. a. überprüft werden:					
1.	ob Blendquellen in oder nahe der Hauptblickrichtung, welche die Sehaufgabe erschweren oder belästigend wirken, beseitigt werden.	☐	☐	☐	
2.	ob die harmonische Helligkeitsverteilung und Beleuchtung durch Oberflächengestaltung (Reflexionsgrad) von Decken und Wänden positiv beeinflusst wird.	☐	☐	☐	
3.	ob die Leuchten so angeordnet sind, dass Blendung und Reflexionen auf Tischoberflächen und auf Bildschirmoberflächen vermieden werden.	☐	☐	☐	
4.	ob die Leuchten bei Bildschirmarbeitsplätzen parallel zur Hauptblickrichtung angeordnet sind.	☐	☐	☐	
5.	ob sich an Bildschirmarbeitsplätzen für die Bildbearbeitung die Umgebungsbeleuchtung vom Arbeitsplatz aus regulieren lässt.	☐	☐	☐	
Gefahrenquelle: ***Örtliche Ungleichmäßigkeit***					
Es sollte u. a. überprüft werden:					
1.	ob „Dunkelstellen" vermieden werden (z. B. bei Halleneinfahrten, Durchfahrten, Treppen und Toren).	☐	☐	☐	
Gefahrenquelle: ***Flimmern***					
Es sollte u. a. überprüft werden:					
1.	ob Flimmern oder Flackern vermieden wird.	☐	☐	☐	
Gefahrenquelle: ***Stroboskopischer Effekt***					
Es sollte u. a. überprüft werden:					
1.	ob der stroboskopische Effekt (d. h. rotierende Teile werden als stehend empfunden) vermieden wird.	☐	☐	☐	
Gefahrenquelle: ***Ungeeignete Lichtrichtung und Schattigkeit***					
Es sollte u. a. überprüft werden:					
1.	ob die Beleuchtungskörper so angebracht sind, dass die für das räumliche Sehen erforderliche Schattigkeit entsteht.	☐	☐	☐	

Nr.	Prüffragen	Gefährdung			Maßnahmen bis wann
		Ja	Nein	Nicht relevant	
Gefahrenquelle: ***Ungeeignete Lichtfarbe und Farbwiedergabe***					
Es sollte u. a. überprüft werden:					
1.	ob die Tageslicht unterstützende Innenraumbeleuchtung in der Lichtfarbe neutralweiß ausgeführt ist.	☐	☐	☐	
2.	ob die Lampen die gleiche Lichtfarbe haben.	☐	☐	☐	
3.	ob die erforderliche Stufe der Farbwiedergabeeigenschaften eingehalten wird.	☐	☐	☐	
Empfohlene Schutzmaßnahmen: *U. a.: Vorgaben für Beleuchtungsstärken einhalten, Lichtfarbe an Arbeitsaufgabe anpassen, ausreichend Tageslicht, Blendquellen und Dunkelstellen beseitigen, Flimmern und Flackern vermeiden.*					
8.3 Ertrinken				☐	
Gefahrenquelle: ***Arbeiten an, auf und über dem Wasser, in Abwassersystemen, an Klärbecken***					
Es sollte u. a. überprüft werden:					
1.	ob für die Beschäftigten geprüfte, automatisch aufblasbare Rettungswesten vorhanden sind.	☐	☐	☐	
2.	ob die Rettungswesten eine den Umständen (Kleidung, mitgeführtes Werkzeug, Strömungsgeschwindigkeit) entsprechende Auftriebskraft haben.	☐	☐	☐	
Empfohlene Schutzmaßnahmen: *U. a.: Absturzsicherungen/Geländer/Umwehrungen anbringen, Öffnungen sichern/abdecken, Persönliche Schutzausrüstung gegen Absturz bereitstellen und verwenden, Rettungswesten bereitstellen und verwenden, keine Alleinarbeiten.*					

Datum, Unterschrift des Prüfers: ______________________________

9 Physische Gefährdungen

Firma/Einrichtung und Stempel

Betriebsbereich: ______

Betrachtungseinheit (z. B. Arbeitsplatz, Tätigkeit): ______

Erstellt durch: ______

Ort und Datum der Prüfung: ______ (Ort), den ______ (Datum)

Nr.	Prüffragen	Gefährdung Ja	Nein	Nicht relevant	Maßnahmen bis wann
9.1 Schwere dynamische Arbeit (dynamische Ganzkörperarbeit > 1/7 der gesamten Skelettmuskelmasse)				☐	
Gefahrenquelle: ***Hohe Intensität (Geschwindigkeit, Häufigkeit), Benutzung von PSA (z. B. Atemschutz, Schutzanzug), klimatische Belastung***				☐	
Es sollte u. a. überprüft werden:					
1.	ob häufig körperlich schwere Arbeiten nicht ohne einen Belastungswechsel durchgeführt werden.	☐	☐	☐	
2.	ob die Muskelarbeit großer Muskelgruppen auf das unbedingt erforderliche Maß reduziert wird (Arm-, Bein- und Rumpfmuskulatur).	☐	☐	☐	
3.	ob in zusätzlich klimabelasteten Bereichen viele kurze muskuläre Pausen eingelegt werden.	☐	☐	☐	
Empfohlene Schutzmaßnahmen: *U. a.: Transporthilfsmittel und Hubeinrichtungen zur Verfügung stellen (Flurförderzeuge, Krane, Dreibock, Gasdruckfedern, Deckelhebegeräte etc.), Lastgewichte verringern, Einheiten/Gebindegrößen verringern, Körperhaltungen korrigieren, Rückenschulungsmaßnahmen, Sicherheitsunterweisung durchführen und befolgen.*					

9.2 Einseitige dynamische Arbeit (<1/7 der gesamten Muskelmasse (z. B. ein Fuß, ein Arm, ein Bein, Finger unter Bewegung der Unterarme)				☐	
Gefahrenquelle: ***Hohe Wiederholfrequenz (Richtwert >15 Betätigungen/min), z. B. Betätigen einer Schere, Dateneingabe, Pedalbetätigung an Maschinen***				☐	
Es sollte u. a. überprüft werden:					
1.	ob kraftaufwendige Fingertätigkeiten mit hoher Bewegungsfrequenz vermieden werden.	☐	☐	☐	
Empfohlene Schutzmaßnahmen: *U. a.: Belastungen/Frequenzen reduzieren, Einsatzzeiten verringern, Pausenregelung.*					

Nr.	Prüffragen	Gefährdung			Maßnahmen bis wann
		Ja	Nein	Nicht relevant	
9.3 Statische Arbeit – Haltungsarbeit				☐	
Gefahrenquelle: ***Zwangshaltungen, Haltungskonstanz (Hocken, Knien, Rumpfbeugung, Verdrehung, Seitneigung), beengte Raumverhältnisse, keine Bewegung von Gliedmaßen, keine Kräfte wirken auf Werkstück, Werkzeug oder Stellteile ein***				☐	
Es sollte u. a. überprüft werden:					
1.	• ob Zwangshaltungen und ungünstige Körperhaltungen durch Gestaltung • des Arbeitsplatzes (z. B. Arbeitshöhe, Arbeitstiefe, Sehabstand und Blickwinkel entsprechend der Arbeitsaufgabe, Greifraum), • des Arbeitsmittels (z. B. Anordnung von Bedienelementen an Maschinen), • der Arbeitsumgebung (z. B. Anordnung der Beleuchtungsanlage) oder • durch Bereitstellung von Hilfs- und Körperunterstützungssystemen (z. B. Stehhilfen, Kniepolster, Abstützungen, Armauflagen u. Ä.) vermieden werden.	☐	☐	☐	
Gefahrenquelle: ***Haltearbeit ohne Bewegung von Gliedmaßen, Kräfte greifen an Werkstück, Werkzeug oder an Stellteilen an (z. B. Arbeiten über Kopf, Halten schwerer Teile bei der Montage, Schweißen)***				☐	
Es sollte u. a. überprüft werden:					
1.	ob Haltearbeit ohne Belastungswechsel über einen längeren Zeitraum vermieden wird.	☐	☐	☐	
2.	ob Tätigkeiten in deutlicher Rumpfbeugehaltung und/oder -verdrehung vermieden werden.	☐	☐	☐	
Empfohlene Schutzmaßnahmen: *U. a.: Arbeitsplatz umgestalten, Hilfs- und Körperunterstützungssysteme bereithalten (Sehhilfen, Kniepolster, Armauflagen etc.), Einsatzzeiten begrenzen, Pausenregelung, Vorsorgeuntersuchungen anbieten.*					

9.4 Kombination aus statischer und dynamischer Arbeit				☐	
Gefahrenquelle: ***Durchblutungsminderung, Muskelbeanspruchung, Herz-Kreislauf-Überbeanspruchung, ruckartige Bewegung, Rumpfverdrehung, Rumpfseitneigung, deutliche Rumpfbeugung, große Griffweiten, ungünstige geometrische Eigenschaften der Last, manuelle Handhabung von Lasten***				☐	
Es sollte u. a. überprüft werden:					
1.	ob das Tragen von Lasten ≥ 50 kg auf der Schulter vermieden wird.	☐	☐	☐	
2.	ob die Grenzwerte für werdende und stillende Mütter eingehalten werden (selten: 10 kg, wiederholt 5 kg).	☐	☐	☐	
3.	ob bei zulässigen leichten Tätigkeiten von Kindern über 13 Jahren die maximalen Lastgewichte eingehalten werden (gelegentlich 10 kg, regelmäßig 7,5 kg).	☐	☐	☐	

<table>
<tr><th rowspan="2">Nr.</th><th rowspan="2">Prüffragen</th><th colspan="3">Gefährdung</th><th rowspan="2">Maßnahmen bis wann</th></tr>
<tr><th>Ja</th><th>Nein</th><th>Nicht relevant</th></tr>
<tr><td>4.</td><td>ob sich Hebe- und Transportvorgänge „erleichtern“ lassen durch:
• Einsatz von Tragehilfen,
• Einbeziehung zusätzlicher Personen,
• Verringerung der Lastgewichte und des Arbeitstempos,
• Verringerung der Trageentfernungen,
• Anpassung der Arbeitshöhe an die Griffhöhe.</td><td>☐</td><td>☐</td><td>☐</td><td></td></tr>
<tr><td colspan="4">Gefahrenquelle:
Hand/Unterarm statisch und Oberarm/Oberkörper dynamisch (z. B. Schieben, Ziehen)</td><td>☐</td><td></td></tr>
<tr><td colspan="6">Es sollte u. a. überprüft werden:</td></tr>
<tr><td></td><td>ob ein hoher Kraftaufwand beim Schieben oder Ziehen von Lasten vermieden wird.</td><td></td><td></td><td></td><td></td></tr>
<tr><td colspan="6">Empfohlene Schutzmaßnahmen:
U. a.: technische Hilfsmittel einsetzen, Tragehilfen einsetzen, Lastgewichte reduzieren, Arbeitstempo verringern, Arbeitshöhen/Griffhöhen anpassen, Sicherheitsunterweisungen durchführen und einhalten.</td></tr>
</table>

Datum, Unterschrift des Prüfers: ____________________

10 Psychische Gefährdungen

Firma/Einrichtung und Stempel

Betriebsbereich: ______________________

Betrachtungseinheit (z. B. Arbeitsplatz, Tätigkeit): ______________________

Erstellt durch: ______________________

Ort und Datum der Prüfung: ______________________ (Ort), den ______________________ (Datum)

Nr.	Prüffragen	Gefährdung			Maßnahmen bis wann
		Ja	Nein	Nicht relevant	
10.1 Ungenügend gestaltete Arbeitsaufgabe				☐	
Gefahrenquelle: ***Hohe Intensität (Geschwindigkeit, Häufigkeit), Benutzung von PSA (z. B. Atemschutz, Schutzanzug), klimatische Belastung***				☐	
Es sollte u. a. überprüft werden:					
1.	ob eine zyklisch vollständige Tätigkeit (d. h. eine Tätigkeit, welche die Phasen Vorbereiten, Organisieren, Ausführen und Kontrollieren enthält) ausgeführt wird.	☐	☐	☐	
2.	ob ein überwiegendes Routinevorgehen bzw. eine sich ständig wiederholende Arbeitstätigkeit ohne bewusstes Wahrnehmen, Denken und Planen vermieden wird (z. B. Sortieren nach vorgegebenen Regeln).	☐	☐	☐	
3.	ob Daueraufmerksamkeit. (einseitige Belastung ohne ausführende aktive Tätigkeiten) vermieden wird.	☐	☐	☐	
4.	ob eine quantitative Unterforderung der Beschäftigten vermieden wird (z. B. durch einseitige, sich ständig wiederholende gleiche Tätigkeiten).	☐	☐	☐	
Gefahrenquelle: ***Widersprüchliche Anforderungen***				☐	
Es sollte u. a. überprüft werden:					
1.	ob widersprüchliche Anforderungen vermieden werden (z. B. zwischen Sicherheit und Leistung).	☐	☐	☐	
Gefahrenquelle: ***Hohe Komplexität der Aufgabe***				☐	
Es sollte u. a. überprüft werden:					
1.	ob die Schwierigkeit oder Komplexität der zu bewältigenden Arbeitsaufgabe nicht zu einer qualitativen Überforderung führt.	☐	☐	☐	
2.	ob die Beschäftigten quantitativ überfordert werden (z. B. durch Zeitdruck, Informationsüberflutung, zu hohe Dynamik).	☐	☐	☐	

Nr.	Prüffragen	Gefährdung			Maßnahmen bis wann
		Ja	Nein	Nicht relevant	
Gefahrenquelle: ***Über- und Unterqualifikation***				☐	
Es sollte u. a. überprüft werden:					
1.	ob die Beschäftigten entsprechend ihrer Qualifikation eingesetzt werden (z. B. keine Diskrepanz zur Stellenbeschreibung).	☐	☐	☐	
Gefahrenquelle: ***Ungenügende oder fehlende Unterweisung***				☐	
Es sollte u. a. überprüft werden:					
1.	ob die Beschäftigten vor Aufnahme ihrer Tätigkeit und danach regelmäßig (mindestens einmal jährlich) über mögliche Gefahren sowie über Maßnahmen zu deren Abwendung unterwiesen werden.	☐	☐	☐	
2.	ob die Beschäftigten in ihre Arbeitsaufgaben am Arbeitsort eingewiesen werden.	☐	☐	☐	
Gefahrenquelle: ***Ungenügende Information***				☐	
Es sollte u. a. überprüft werden:					
1.	ob den Beschäftigten zur Ausführung ihrer Arbeit und/oder beim Treffen von Entscheidungen Informationen und Handlungshilfen zur Verfügung stehen.	☐	☐	☐	
2.	ob die Arbeitsaufgabe verstanden wird (z. B. verständliche Arbeitsanweisungen, keine Sprachbarrieren).	☐	☐	☐	
Gefahrenquelle: ***Fehlende Schulungen***				☐	
Es sollte u. a. überprüft werden:					
1.	ob die Beschäftigten für ihre Arbeitstätigkeit geschult werden (z. B. beim Umgang mit Anlagen, Geräten oder Programmen oder nach einer Softwareumstellung).	☐	☐	☐	
Gefahrenquelle: ***Ungenügender Handlungsspielraum***				☐	
Es sollte u. a. überprüft werden:					
1.	ob Beschäftigte Einfluss auf die Art und Weise der Aufgabenausführung haben (z. B. keine engen Vorgaben, Taktbindung).	☐	☐	☐	
Gefahrenquelle: ***Nicht beeinflussbare Arbeitsabfolgen***				☐	
Es sollte u. a. überprüft werden:					
1.	ob die Arbeitsabfolge von den Beschäftigten beeinflusst werden kann (z. B. flexible Vorgaben, Handlungserfordernisse kontinuierlich).	☐	☐	☐	
Gefahrenquelle: ***Fehlende Transparenz***				☐	
Es sollte u. a. überprüft werden:					
1.	ob Handlungserfordernisse vorhersehbar sind (z. B. Havarien, Störungen).	☐	☐	☐	
2.	ob die Arbeitsaufgaben klar sind.	☐	☐	☐	

Nr.	Prüffragen	Gefährdung			Maßnahmen bis wann
		Ja	Nein	Nicht relevant	
Gefahrenquelle: ***Unklare Entscheidungen***				☐	
Es sollte u. a. überprüft werden:					
1.	ob den Beschäftigten die Folgen ihrer Entscheidungen klar sind.	☐	☐	☐	
Gefahrenquelle: ***Fehlende Transparenz***				☐	
Es sollte u. a. überprüft werden:					
1.	ob die Beschäftigten Rückmeldungen über den Arbeitsablauf oder die Arbeitsergebnisse erhalten (z. B. Qualitätskontrolle).	☐	☐	☐	
2.	ob die Beschäftigten den Stellenwert ihrer Tätigkeit im betrieblichen Arbeitsablauf kennen.	☐	☐	☐	
Gefahrenquelle: ***Kein zeitlicher Spielraum***				☐	
Es sollte u. a. überprüft werden:					
1.	ob verhindert wird, dass Beschäftigte unter starkem Zeit- bzw. Termindruck arbeiten müssen (z. B. Fließband-Takt-Bindung, Kundenforderungen).	☐	☐	☐	
Gefahrenquelle: ***Störungen***				☐	
Es sollte u. a. überprüft werden:					
1.	ob der Arbeitsablauf nicht häufig geändert oder unterbrochen wird und somit ein kontinuierliches Arbeiten nicht möglich ist (z. B. Technikstörungen, Unterbrechungen durch Anfragen und Anrufe).	☐	☐	☐	
Gefahrenquelle: ***Störungen***				☐	
Es sollte u. a. überprüft werden:					
1.	ob hohen emotionalen Belastungen entgegengewirkt wird (z. B. bei der Reklamationsannahme, der Pflege Schwerkranker).	☐	☐	☐	
Empfohlene Schutzmaßnahmen: *U. a.: Informationsfluss verbessern, Arbeitsintensität (Geschwindigkeit, Häufigkeit) reduzieren, dauerhaft einseitig belastende Tätigkeiten vermindern/vermeiden, widersprüchliche Anforderungen auflösen, Über-/Unterqualifikation vermeiden, Einweisungen in Örtlichkeiten und Arbeitsumgebung, personenbezogene/tätigkeitsbezogene Gefährdungsbeurteilungen erstellen, Sicherheitsunterweisungen durchführen.*					

Nr.	Prüffragen	Gefährdung			Maßnahmen bis wann
		Ja	Nein	Nicht relevant	
10.2 Ungenügend gestaltete Arbeitsorganisation				☐	
Gefahrenquelle: ***Nicht durchdachter Arbeitsablauf***				☐	
Es sollte u. a. überprüft werden:					
1.	ob der Arbeitsablauf so gestaltet ist, dass die Gesundheit der Beschäftigten genügend geschützt und die Aufgabendurchführung nicht erschwert werden.	☐	☐	☐	
2.	ob der Arbeitsablauf geplant ist.	☐	☐	☐	
3.	ob der Arbeitsplatz den Beschäftigten rechtzeitig vorher bekannt ist.	☐	☐	☐	
Gefahrenquelle: ***Nicht geregelte Kompetenz***				☐	
Es sollte u. a. überprüft werden:					
1.	ob Kompetenzen klar abgegrenzt sind (z. B. keine Mehrfachunter- oder -überstellung).	☐	☐	☐	
2.	ob die Beschäftigten über die notwendigen Kompetenzen und Mittel verfügen, um die ihnen übertragenen Aufgaben zu erfüllen.	☐	☐	☐	
Gefahrenquelle: ***Ungünstiges Führungsverhalten***				☐	
Es sollte u. a. überprüft werden:					
1.	ob Konflikte zwischen Vorgesetzten und Beschäftigten vermieden werden (z. B. durch autoritären Führungsstil, unzureichende Fachkompetenz des Vorgesetzten).	☐	☐	☐	
2.	ob die Führung der zugeordneten Beschäftigten durchführbar ist (Beschäftigtenzahl nicht zu hoch, Arbeitsplätze nicht zu weit voneinander entfernt).	☐	☐	☐	
Gefahrenquelle: ***Ungünstiges Gruppenverhalten***				☐	
Es sollte u. a. überprüft werden:					
1.	ob soziale Spannungen zwischen den Beschäftigten vermieden werden (Streit, Abstimmungsprobleme, Schuld wird anderen zugewiesen, Mobbingfälle).	☐	☐	☐	
Gefahrenquelle: ***Fehlende soziale Kontakte***				☐	
Es sollte u. a. überprüft werden:					
1.	ob die Beschäftigten genügend Möglichkeiten zur Kommunikation haben (z. B. bei isolierter Einzelarbeit).	☐	☐	☐	

Empfohlene Schutzmaßnahmen:
U. a.: gesetzliche Regelungen zu Arbeitszeiten einhalten, Personalmangel abbauen, Gesundheitsgefährdungen und persönliche Situationen im Schichtplänen berücksichtigen, Arbeitsabläufe neu planen und Kompetenzen regeln, isolierte Einzelarbeit vermeiden

FORUM

Nr.	Prüffragen	Gefährdung			Maßnahmen bis wann
		Ja	Nein	Nicht relevant	
10.3 Ungenügend gestaltete Arbeitsplatz- und Arbeitsumgebungsbedingungen				☐	
Gefahrenquelle: ***Gefährdungsfaktoren 1 bis 9 und 11***				☐	
Es sollte u. a. überprüft werden:					
1.	ob verhindert wird, dass die in den Gefährdungsfaktoren 1 bis 9 und 11 erfassten Gefährdungen zu einer Beeinträchtigung der Arbeitsleistung der Beschäftigten führen (z. B. unzureichende klimatische Bedingungen, Beleuchtungsmängel, Lärm).	☐	☐	☐	
Gefahrenquelle: ***Gefahrbringende Bedingungen***				☐	
Es sollte u. a. überprüft werden:					
1.	ob die Beschäftigten am Arbeitsplatz keinen besonderen gefahrbringenden Bedingungen ausgesetzt sind (z. B. Straßenverkehr).	☐	☐	☐	
Gefahrenquelle: ***Unzureichende Informationsaufnahme***				☐	
Es sollte u. a. überprüft werden:					
1.	ob die Aufnahme der erforderlichen Informationen möglich ist (z. B. Hörbarkeit, Sichtbarkeit, Unterscheidbarkeit, Sinnfälligkeit der Informationen).	☐	☐	☐	
2.	ob weitere im Arbeitsprozess wirkende Faktoren zu berücksichtigen sind, die eine Informationsaufnahme und deren Verarbeitung bzw. Umsetzung beeinträchtigen können (z. B. Signalverdeckung, Überangebot an wahrzunehmenden Informationen, eingeschränkte individuelle Leistungsvoraussetzungen).	☐	☐	☐	
Gefahrenquelle: ***Nichtwahrnehmung von optischen Signalen, Unverständlichkeit***				☐	
Es sollte u. a. überprüft werden:					
1.	ob die optischen Signalgeber ausreichend wahrnehmbar sind und deren Informationsgehalt verständlich ist.	☐	☐	☐	
2.	ob die Informationselemente nach Funktion und Bedeutung gruppiert sind.	☐	☐	☐	
3.	ob die Anzeigen, die hohe Aufmerksamkeit erfordern, im zentralen Blickfeld angeordnet sind.	☐	☐	☐	
4.	ob die Größe des Signals der Entfernung entspricht, aus der es wahrgenommen werden muss.	☐	☐	☐	
5.	ob Unterscheidungsgrenzen beachtet werden (max. 9 Farbtöne, 15 Formen, 10 Zeigerstellungen, 5 Linienlängen, 8 Breiteneindrücke, 5 Größen, 3 bis 5 Helligkeiten).	☐	☐	☐	

FORUM

Nr.	Prüffragen	Gefährdung			Maßnahmen bis wann
		Ja	Nein	Nicht relevant	
Gefahrenquelle: ***Informationsgestaltung auf Bildschirmen***				☐	
Es sollte u. a. überprüft werden:					
1.	ob die verwendete Software benutzerfreundlich gestaltet ist.	☐	☐	☐	
2.	ob Informationen, die durch Bildschirme übermittelt werden, nach bekannten Gestaltungsmerkmalen festgelegt sind.	☐	☐	☐	
3.	ob die Zeichengröße, die Zeichenschärfe, der Zeichenkontrast sowie die Zeichenhelligkeit ausreichend sind.	☐	☐	☐	
Gefahrenquelle: ***Wahrnehmungsumfang (z. B. zu hohe Informationsdichte, herabgesetzte Wachsamkeit)***				☐	
Es sollte u. a. überprüft werden:					
1.	ob verhindert wird, dass sehr viele Informationen auf einmal aufgenommen werden müssen.	☐	☐	☐	
2.	ob abwechslungsarme (Dauer-) Beobachtungstätigkeiten, die keine oder kaum körperliche Aktivitäten beinhalten, vermieden werden.	☐	☐	☐	
3.	ob die Notwendigkeit von Vorsorgeuntersuchungen nach ArbMedVV geprüft wurde.	☐	☐	☐	
Gefahrenquelle: ***Ausnahmesituationen***				☐	
Es sollte u. a. überprüft werden:					
1.	ob Störungen, Ablenkungen oder Havariefälle bedacht wurden, bei denen das Wahrnehmungsvermögen des Beschäftigten überfordert werden kann.	☐	☐	☐	
Gefahrenquelle: ***Ungeeignete Bedienelemente (Anzeigen, Stellteile), erschwerte Handhabbarkeit***				☐	
Es sollte u. a. überprüft werden:					
1.	ob Gestaltungsempfehlungen für Anzeigen und Stellteile berücksichtigt werden.	☐	☐	☐	
Empfohlene Schutzmaßnahmen: *U. a.: Informationsfluss/Informationsdichte/Informationsdarstellung/Informationsaufnahme verbessern.*					

Datum, Unterschrift des Prüfers: ____________________

11 Sonstige Gefährdungen

Firma/Einrichtung und Stempel

Betriebsbereich: ______

Betrachtungseinheit (z. B. Arbeitsplatz, Tätigkeit): ______

Erstellt durch: ______

Ort und Datum der Prüfung: ______ (Ort), den ______ (Datum)

Nr.	Prüffragen	Gefährdung Ja	Gefährdung Nein	Gefährdung Nicht relevant	Maßnahmen bis wann
11.1 Durch Menschen				☐	
Gefahrenquelle: ***Unachtsamkeit bei Zusammenarbeit, unabgestimmte Zusammenarbeit, Charaktereigenschaften (z. B. Choleriker)***				☐	
Es sollte u. a. überprüft werden:					
1.	ob die Beschäftigten für die Tätigkeit geeignet sind.	☐	☐	☐	
2.	ob die Beschäftigten über die mit ihrer Tätigkeit in Zusammenhang stehenden Gefährdungen informiert wurden.	☐	☐	☐	
3.	ob ein gefahrloses Zusammenarbeiten möglich ist (z. B. auf verschiedenen Ebenen von Baugerüsten).	☐	☐	☐	
4.	ob der Gewaltanwendung entgegengewirkt wird (z. B. an Kassenarbeitsplätzen, bei Pflege geistig Behinderter).	☐	☐	☐	
Empfohlene Schutzmaßnahmen: *U. a.: Arbeitsaufgaben/Tätigkeiten nach Eignung vergeben, Sicherheitsunterweisungen durchführen und einhalten.*					

Nr.	Prüffragen	Ja	Nein	Nicht relevant	Maßnahmen bis wann
11.2 Durch Tiere				☐	
Gefahrenquelle: ***Anthropozoonosen (z. B. Tollwut, Ornithose, Toxoplasmose); Allergien gegenüber Tierhaaren, Epidermisbestandteilen, Insektenstichen; Schlagen, Stoßen; Treten, Stechen, Beißen; Vergiftungen***				☐	
Es sollte u. a. überprüft werden:					
1.	ob erkrankte Tierbestände erfasst und Maßnahmen zum Schutz der Beschäftigten eingeleitet wurden.	☐	☐	☐	
2.	ob veterinärmedizinische Maßnahmen eingeleitet wurden.	☐	☐	☐	
3.	ob Tierkontakte vermieden werden.	☐	☐	☐	
4.	ob Kompetenzen klar abgegrenzt sind (z. B. keine Mehrfachunter- oder -überstellung).	☐	☐	☐	

FORUM

Nr.	Prüffragen	Gefährdung			Maßnahmen bis wann
		Ja	Nein	Nicht relevant	
5.	ob bei Bedarf Absperrungen und Warnschilder verwendet werden.	☐	☐	☐	
6.	ob Vorsorgeuntersuchungen nach ArbMedVV (Anhang, Teil 2) notwendig sind.	☐	☐	☐	

Empfohlene Schutzmaßnahmen:
U. a.: Sicherheitsunterweisungen im Umgang mit gefährlichen Tieren durchführen und befolgen, arbeitsmedizinische Beratung/Vorsorgeuntersuchungen anbieten und durchführen, Gefahrenbereiche absperren und kennzeichnen, geeignete Persönliche Schutzkleidung bereitstellen, nur geeignete Beschäftigte einsetzen.

11.3 Durch Pflanzen und pflanzliche Produkte				☐	
Gefahrenquelle: ***Allergien gegenüber bestimmten Pflanzen, Riss- und Stichverletzungen***				☐	
Es sollte u. a. überprüft werden:					
1.	ob verhindert wird, dass die in den Gefährdungsfaktoren 1 bis 9 und 11 erfassten Gefährdungen zu einer Beeinträchtigung der Arbeitsleistung der Beschäftigten führen (z. B. unzureichende klimatische Bedingungen, Beleuchtungsmängel, Lärm).	☐	☐	☐	
2.	geeignete PSA (z. B. Handschuhe, Arbeitskleidung) bereitgestellt und verwendet wird.	☐	☐	☐	
3.	ob Vorsorgeuntersuchungen nach ArbMedVV (Anhang, Teil 2) notwendig sind.	☐	☐	☐	

Empfohlene Schutzmaßnahmen:
U. a.: Sicherheitsunterweisungen im Umgang mit gefährlichen Pflanzen durchführen und befolgen, arbeitsmedizinische Beratung/Vorsorgeuntersuchungen anbieten und durchführen, geeignete Persönliche Schutzkleidung bereitstellen, nur geeignete Beschäftigte einsetzen.

Datum, Unterschrift des Prüfers: ______________________________

Gefährdungsfaktoren
Telearbeitsplatz/Bildschirmarbeitsplatz nach § 5 ArbSchG

Firma/Einrichtung und Stempel

Firma/Einrichtung: ______________________________

Gebäude: ______________________________

Raum	Arbeitsplatz	Anzahl Beschäftigter
____________	____________	____________

Name des Prüfers: ______________________________

Ort und Datum: ______________________ (Ort), den ____________ (Datum)

Rechtliche Grundlagen: ArbStättV, Regeln für Arbeitsstätten (ASR A), Vorschriften- und Regelwerk der DGUV

Gefährdung	Parameter	Erfüllt		Entfällt	Maßnahmen bis wann und durch wen umgesetzt
		Ja	Nein		
Arbeitsumgebung					
Arbeitsplatzgestaltung/Arbeitsräume					
Fehlende/ unzureichende Mindestbreiten der Verkehrswege/ Fluchtwege im Raum	Verkehrswege Mindestbreiten: 0,875 m bei 1 bis 5 Personen	☐	☐	☐	
Fehlender/ unzureichender Platz	Ist am Arbeitsplatz ausreichend Platz nach ASR A1.2, z. B. • mindestens 8–10 m^2 • mindestens 2,50 m Höhe • 1,20 m in der Breite	☐	☐	☐	
Fehlende/ unzureichende Bewegungsfläche	Steht hinter jedem Schreibtisch eine Bewegungsfläche von 1,50 m^2 zur Verfügung?	☐	☐	☐	
Beleuchtung					
Fehlendes/ unzureichende Beleuchtung	Ist die Beleuchtung entsprechend den geltenden Technischen Regeln für Arbeitsstätten ASR A3.4 und ASR A3.5 ausgerichtet? • geeignete Sonnenschutzvorrichtungen • Beleuchtungsstärke für Büroräume mind. 500 lx	☐	☐	☐	
Fehlendes/ unzureichendes Tageslicht	Wird der Arbeitsplatz nach ASR A3.4 mit ausreichend Tageslicht (Sichtverbindungsflächen) versorgt (1/10 der Flächen)? Ist Tageslicht vorhanden?	☐	☐	☐	

Gefährdung	Parameter	Erfüllt		Ent-fällt	Maßnahmen bis wann und durch wen umgesetzt
		Ja	Nein		
Arbeitsumgebung					
Beleuchtung					
Fehlendes/unzureichendes künstliches Licht	Wird der Arbeitsplatz nach ASR A3.4 mit ausreichend individuellen Tageslichtlampen ergänzt?	☐	☐	☐	
Brandgefährdung					
Fehlende / unzureichende Feuerlöscher	Werden Feuerlöscher nach DIN EN 3 – in Abhängigkeit von der Grundfläche der Arbeitsstätte – gut sichtbar vorgehalten (ASR A2.2)?	☐	☐	☐	
Fehlende/unzureichende Feuerlöscher	Werden Feuerlöscher nach DIN EN 3 – in Abhängigkeit von der Grundfläche der Arbeitsstätte – gut sichtbar vorgehalten (ASR A2.2)?	☐	☐	☐	
Fehlende/unzureichende Rauchmelder	Werden Warnanlagen, z. B. Rauch- oder Wärmemelder mit bestimmter Auslöseempfindlichkeit, so installiert, dass die Beschäftigten in allen innen liegenden Räumen frühzeitig gewarnt werden?	☐	☐	☐	
Fehlende/unzureichende Überprüfung elektrischer Anlagen	Werden alle ortsveränderlichen elektrischen Geräte und ortsfesten elektrischen Anlagen regelmäßig rechtskonform geprüft?	☐	☐	☐	
Brandgefährdung	Die Beschäftigten werden 1x jährlich zum Brandschutz unterwiesen?	☐	☐	☐	
Arbeitsmittel					
Bildschirme/Tastatur/Maus					
Fehlende/unzureichende Bildschirmbedienung	Ist der Bildschirm frei und strahlungsarm, lässt sich leicht drehen bzw. neigen?	☐	☐	☐	
Unzureichende Bildqualität	Ist das Bild stabil und flimmerfrei sowie ohne Verzerrung?	☐	☐	☐	
Unzureichende Bildqualität	Sind die Zeilen auf dem Bildschirm scharf und deutlich, ausreichend groß und mit angemessenem Zeichen- bzw. Zeilenabstand dargestellt?	☐	☐	☐	
Fehlende/unzureichende Entspiegelung	Ist die Bildschirmoberfläche entspiegelt, sodass Reflexionen weitgehend vermieden werden?	☐	☐	☐	

Gefährdung	Parameter	Erfüllt		Ent-fällt	Maßnahmen bis wann und durch wen umgesetzt
		Ja	Nein		
Arbeitsmittel					
Bildschirme/Tastatur/Maus					
Unzureichende Bildschirmgröße	Ist die Bildschirmgröße an die Art der Arbeitsaufgabe angepasst?	☐	☐	☐	
Sehnenscheidenentzündung	Die Höhe der Tastaturen beträgt nicht mehr als 30 mm (ein Abknicken der Handgelenke wird durch eine niedrige Tastatur vermieden)?	☐	☐	☐	
Sehnenscheidenentzündung	Die eingesetzten Mäuse sind für die Benutzer geeignet und ggf. beidseitig verwendbar?	☐	☐	☐	
Fehlende/unzureichende externe Eingabemittel	Beim Arbeiten mit Laptops und Tablets sind externe Tastaturen und Bildschirme vorhanden?	☐	☐	☐	
Arbeitstische					
Physische und psychische Belastung	Haben Tische, die nicht höhenverstellbar sind, eine an den Beschäftigten angepasste Tischhöhe?	☐	☐	☐	
Physische und psychische Belastung	Können höhenverstellbare Tische zur Verfügung gestellt werden, um einen Steh-Sitz-Arbeitsplatz zu ermöglichen und die Tischhöhe individuell auf den Benutzer einzustellen (Verstellbereich zwischen 65 und 125 cm)?	☐	☐	☐	
Physische und psychische Belastung	Werden die Maße für eine ausreichend große Arbeitsfläche nach ASR A1.2 eingehalten? Tischgröße mind. 1,60 × 0,80 m (BxT)	☐	☐	☐	
Physische und psychische Belastung	Wird zur Vermeidung von Zwangshaltungen ein ausreichender Beinfreiraum unter dem Tisch vorgesehen?	☐	☐	☐	
Bürostuhl					
Physische und psychische Belastung	Richtiges Sitzen: Bilden Ober- und Unterschenkel zueinander einen Winkel von mindestens 90 Grad, berühren die Füße mit der ganzen Fläche den Boden und verlaufen die Unterarme etwa waagrecht zur Tischplatte?	☐	☐	☐	
Physische und psychische Belastung	Ist der Bürostuhl geeignet, die natürliche Haltung des Menschen im Sitzen zu unterstützen und Bewegungen im angemessenen Verhältnis zur Arbeitsaufgabe zu fördern?	☐	☐	☐	

Gefährdung	Parameter	Erfüllt		Entfällt	Maßnahmen bis wann und durch wen umgesetzt
		Ja	Nein		
Arbeitsmittel					
Bürostuhl					
Physische und psychische Belastung	Besitzen die Bürostühle individuelle Einstellmöglichkeiten?	☐	☐	☐	
Physische und psychische Belastung Gefahr durch Umkippen	Besitzen die Bürostühle kippsichere Untergestelle mit fünf gleichartigen Abstützpunkten oder gebremsten Rollen (Rollen entsprechend Fußbodenbelag wählen)?	☐	☐	☐	
Physische und psychische Belastung	Ist eine Abstützung des Rückens in der vorderen und hinteren Sitzposition sowie der Arme möglich?	☐	☐	☐	
Physische und psychische Belastung	Besitzen die Bürostühle eine abgerundete oder gepolsterte Sitzflächenvorderkante?	☐	☐	☐	
Fußböden/Stufen/Türschwellen					
Physische Belastung Verletzungsgefahr durch Stolpern, Rutschen, Stürzen	Fußböden sind eben und rutschhemmend ausgeführt?	☐	☐	☐	
	Fußböden sind frei von Stolperstellen, z. B. Aufwölbungen, Löchern oder anderen Beschädigungen?	☐	☐	☐	
	Kabel und Leitungen liegen nicht in Verkehrswegen (Stolpergefahr) und/oder sind in Kabelkanälen verlegt?	☐	☐	☐	
	Verkehrswege werden nicht verstellt?	☐	☐	☐	
Ergonomie					
Physische und psychische Belastung	Sind Bildschirme und Schreibtische im rechten Winkel zur Fensterfront aufgestellt, um Reflexionen bzw. Blendungen zu vermeiden?	☐	☐	☐	
Physische und psychische Belastung	Stehen Tastatur und Bildschirm direkt vor dem Beschäftigten?	☐	☐	☐	
Physische und psychische Belastung	Sind die Geräte so angeordnet, dass die Sehentfernung zu Bildschirm, Vorlagenhalter und Tastatur möglichst gleich ist?	☐	☐	☐	
Physische und psychische Belastung	Beträgt der Sehabstand zum Bildschirm zwischen 50 und 80 cm?	☐	☐	☐	

Gefährdung	Parameter	Erfüllt		Entfällt	Maßnahmen bis wann und durch wen umgesetzt
		Ja	Nein		
Arbeitsmittel					
Ergonomie					
Physische und psychische Belastung	Befindet sich die Oberkante des Bildschirms maximal auf Augenhöhe und kann zur Entlastung der Nackenmuskulatur mit einem leicht nach unten gerichteten Blick betrachtet werden?	☐	☐	☐	
Physische und psychische Belastung	Sind die Bildschirme so angeordnet, dass die oberste Bildschirmzelle unter der horizontalen Blicklinie liegt?	☐	☐	☐	
Physische und psychische Belastung	Ist vor der Tastatur eine Handauflagefläche von 10 – 15 cm vorgesehen?	☐	☐	☐	
Arbeitsmedizinische Vorsorge					
	Arbeiten am Bildschirm sind mindestens einmal pro Stunde durch andere Tätigkeiten zu unterbrechen (mind. für 5 Minuten)?	☐	☐	☐	
	Regelungen zur Arbeitsunterbrechung sind vorhanden/bekannt?	☐	☐	☐	
	Wird regelmäßig eine arbeitsmedizinische Vorsorge aktiv und schriftlich nach dem DGUV Grundsatz G37 „Bildschirmarbeitsplatz“ angeboten?	☐	☐	☐	
Benutzerfreundliche Software					
Psychische Belastung	Besitzt die Software zur Ausführung der Arbeitsaufgabe ausreichend Funktionen?	☐	☐	☐	
Psychische Belastung	Ist die Software an die auszuführende Aufgabe anpassbar?	☐	☐	☐	
Psychische Belastung	Entspricht die Programmierreihenfolge der Bearbeitungsreihenfolge?	☐	☐	☐	
Psychische Belastung	Ist die verwendete Software an die Kenntnisse und Erfahrungen der Benutzer angepasst?	☐	☐	☐	
Psychische Belastung	Ist stets ein Rückgängigmachen der letzten Bearbeitungsschritte möglich?	☐	☐	☐	

Gefährdung	Parameter	Erfüllt		Entfällt	Maßnahmen bis wann und durch wen umgesetzt
		Ja	Nein		
Pausen					
Physische und psychische Belastung	Werden regelmäßig Pausen eingehalten? *Empfohlen wird eine Arbeitsunterbrechung von ca. 5–10 Minuten pro Arbeitsstunde (ein leichtes Augentraining von 2–3 Minuten je 20 Minuten wäre sinnvoll, z. B. einer liegenden Acht nachsehen, einem aufgerichteten Zeigefinger nachsehen).*	☐	☐	☐	

Datum, Unterschrift des Prüfers: ________________________________

Hinweis:
Die Beurteilung des Telearbeitsplatzes ist erforderlich, soweit der Arbeitsplatz von dem im Betrieb abweicht. Die Arbeitsbedingungen am Bildschirmarbeitsplatz zu Hause müssen aber nicht genau den Bedingungen im Betrieb entsprechen. Der Arbeitgeber darf die Eigenart von Telearbeitsplätzen – Arbeiten in Privaträumen – berücksichtigen.

Gefährdungsfaktoren
Alleinarbeit

Firma/Einrichtung und Stempel

Betriebsbereich: ______________________________

Betrachtungseinheit (z. B. Arbeitsplatz, Tätigkeit): ______________________________

Erstellt durch: ______________________________

Ort und Datum der Prüfung: ______________________________ (Ort), den ______________ (Datum)

Nr.	Prüffragen	Gefährdung Ja	Gefährdung Nein	Gefährdung Nicht relevant	Maßnahmen bis wann
12.1 Mechanische Gefährdung				☐	
Absturz				☐	
Gefahrenquelle: ***Unzureichende Standsicherheit und Tragfähigkeit, ungesicherte Absturzkanten und Öffnungen, ungeeignete Zugänge, Witterungsverhältnisse***				☐	
Prüfung folgender Punkte vor Arbeitsaufnahme:					
1.	Absturzhöhe (> 1 m)	☐	☐	☐	
2.	Art, Dauer der Tätigkeit, körperliche Belastung	☐	☐	☐	
3.	Abstand von der Absturzkante einhalten	☐	☐	☐	
4.	Beschaffenheit und Tragfähigkeit des Standplatzes oder der Standfläche geprüft	☐	☐	☐	
5.	Beschaffenheit der tiefergelegenen Fläche geprüft?	☐	☐	☐	
6.	Beschaffenheit der Arbeitsumgebung und gefährdende äußere Einflüsse überprüft?	☐	☐	☐	
7.	Beschaffenheit der Arbeitsflächen im Hinblick auf Öffnungen in Böden, Decken oder Dachflächen und Vertiefungen überprüft?	☐	☐	☐	
Prüfung folgender Punkte während der Arbeit:					
8.	Besteht die Gefahr des Hineinfallens oder Versinkens in Stoffe(n) bei einer Höhe von 0 m?	☐	☐	☐	
9.	Besteht die Gefahr des Absturzes oberhalb einer angrenzenden Fläche und gegen Abrutschen bei einer Höhe von 0,2 bis 1,0 m?	☐	☐	☐	
10.	Ist das Geländer höher als 1,0 m? • Geländer müssen bis 12,0 m Absturzhöhe 1,0 m hoch sein • Geländer müssen ab 12,0 m Absturzhöhe 1,1 m hoch sein	☐	☐	☐	
11.	Maßnahmen bei Wandöffnungen getroffen? • Brüstungshöhe kleiner als 1,0 m • Breite größer als 0,18 m und einer Höhe größer als 1,0 m	☐	☐	☐	

Nr.	Prüffragen	Gefährdung			Maßnahmen bis wann
		Ja	Nein	Nicht relevant	
12.	Werden bei Bodenöffnungen feste oder abnehmbare, gegen unbeabsichtigtes Ausheben gesicherte, Umwehrungen oder Abdeckungen aus tragfähigen Materialien verwendet?	☐	☐	☐	
13.	Ist der Abstand zur Absturzkante > 2,0 m?	☐	☐	☐	
14.	Sind die Abgrenzungen bei Verkehrswegen optisch deutlich erkennbar?	☐	☐	☐	
15.	Sind bei nicht durchtrittsicheren Dächern und Bauteilen die Zugänge geschlossen und gekennzeichnet?	☐	☐	☐	
16.	Sind bei nicht durchtrittsicheren Dächern und Bauteilen die tragfähigen Laufstege (> 0,5 m Breite) beidseitig umwehrt (Geländer)?	☐	☐	☐	
17.	Sind bei nicht durchtrittsicheren Dächern und Bauteilen wie bspw. Lichtkuppeln und Lichtbändern Umwehrungen, Überdeckungen und Unterspannungen angebracht?	☐	☐	☐	
Empfohlene Schutzmaßnahmen: *U. a.: Absturzsicherungen, Auffangsystem, Rückhaltesystem, Kennzeichnungen (Flatterband), persönliche Schutzausrüstung gegen Absturz*					
12.2 Brand- und Explosionsgefährdung				☐	
Brennbare Feststoffe, Flüssigkeiten, Gase				☐	
Gefahrenquelle: ***Brandentstehung und -ausbreitung***				☐	
Prüfung folgender Punkte:					
1.	Gibt es leicht entzündliche oder selbstentzündliche Stoffe am Arbeitsplatz?	☐	☐	☐	
2.	Werden nur so viele dieser Stoffe am Arbeitsplatz gelagert, wie für die Arbeit erforderlich?	☐	☐	☐	
3.	Diese Stoffe sollten nicht mit Zündquellen in Berührung kommen.	☐	☐	☐	
4.	Sind feuergefährdete Bereiche deutlich erkennbar und gekennzeichnet?	☐	☐	☐	
5.	Sind erforderliche Feuerlöscheinrichtungen vorhanden, geprüft, gekennzeichnet und leicht zugänglich?	☐	☐	☐	
6.	Werden die Mitarbeiter entsprechend unterwiesen (mit Feuerlöscheinrichtung und deren Umgang)?	☐	☐	☐	
7.	Existiert für den Brandfall ein entsprechender Alarmplan?	☐	☐	☐	
Empfohlene Schutzmaßnahmen: *U. a.: Brandgefährdungen reduzieren (z. B. durch geschlossene Behälter, reduzierte Mengen), feuergefährdete Bereiche kennzeichnen, Sicherheitsunterweisungen durchführen, geeignete Feuerlöscher in ausreichender Anzahl vorhalten, Löschanlagen, Wartung der Löschanlagen einhalten, Feuermeldeeinrichtungen vorhalten, Brandschutztüren, Flucht- und Rettungswege kennzeichnen, Alarmpläne und Pläne für Flucht- und Rettungswege aushängen, Evakuierungsübungen durchführen.*					

Nr.	Prüffragen	Gefährdung			Maßnahmen bis wann
		Ja	Nein	Nicht relevant	
12.3 Explosionsfähige Atmosphäre				☐	
Gefahrenquelle: ***Gase, Dämpfe und Nebel sowie Stäube***				☐	
Prüfung folgender Punkte:					
1.	Sind brennbare Stoffe wie Gase, Dämpfe (z. B. Lösemitteldämpfe), Nebel oder Stäube (z. B. Metallstäube) vorhanden? Kann daraus in der Luft ein explosionsfähiges Gemisch entstehen?	☐	☐	☐	
2.	Sind entsprechende Maßnahmen festgelegt, die • die Bildung explosionsfähiger Atmosphäre verhindern? • die Entzündung dieser explosionsfähigen Atmosphäre verhindern? • die Auswirkungen einer Explosion auf ein unbedenkliches Maß beschränken?	☐	☐	☐	
3.	Werden nur für die Arbeit geeignete Arbeitsmittel eingesetzt?	☐	☐	☐	
4.	Sind explosionsgefährdete Bereiche deutlich erkennbar und gekennzeichnet?	☐	☐	☐	
5.	Besteht ein Explosionsschutzdokument?	☐	☐	☐	
6.	Werden die Explosionsschutzmaßnahmen in regelmäßigen Abständen kontrolliert?	☐	☐	☐	
7.	Werden vom Arbeitgeber zusätzliche notwendige organisatorische Maßnahmen ergriffen?	☐	☐	☐	
8.	Wird Fremdpersonal entsprechend koordiniert und betreut?	☐	☐	☐	
Empfohlene Schutzmaßnahmen: *U. a.: Explosionsschutzzonen einteilen und kennzeichnen, natürliche und technische Lüftung zur Verhinderung explosionsgefährlicher Atmosphäre gewährleisten, Konzentration überwachen (z. B. mit mobilen oder ortsfesten Gaswarngeräten), nur geeignete Betriebsmittel bereitstellen und einsetzen, Betretungsverbote.*					
12.4 Thermische Gefährdung				☐	
Heiße Medien/Oberflächen				☐	
Gefahrenquelle: ***Offene Flammen, heiße Oberflächen von Arbeitsmitteln, Werkstücken, Werkzeugen, Brennöfen, Rohrleitungen, heiße Flüssigkeiten, Heißdampf, Spritzer von heißen Materialien***					
Prüfung folgender Punkte:					
1.	Kontakt zu heißen Medien verhindern (z. B. durch Verwendung geschlossener Systeme für heiße Medien, Isolierungen, trennende Schutzeinrichtungen)	☐	☐	☐	
2.	Sind heiße Medien entsprechend gekennzeichnet?	☐	☐	☐	
3.	Dauer der Arbeitszeit und Arbeitsintensität beachten.	☐	☐	☐	
Empfohlene Schutzmaßnahmen: *U. a.: Gefahrstellen (z. B. heiße Rohre) abschirmen, Gefahrstellen deutlich kennzeichnen, geeignete persönliche Schutzausrüstung bereitstellen.*					

Nr.	Prüffragen	Gefährdung Ja	Gefährdung Nein	Gefährdung Nicht relevant	Maßnahmen bis wann
12.5 Thermische Gefährdung				☐	
Kalte Medien/Oberflächen				☐	
Gefahrenquelle: ***Kälte- und Kühlmittel, kalte Rohrleitungen, Metallteile, Arbeitsmittel***					
Prüfung folgender Punkte:					
1.	Kontakt zu kalten Medien verhindern (z. B. durch Nutzung von Hilfsmitteln für Transport kalter Produkte)	☐	☐	☐	
2.	Sind kalte/vereiste Medien entsprechend gekennzeichnet?	☐	☐	☐	
3.	Dauer der Arbeitszeit und Arbeitsintensität beachten.	☐	☐	☐	
Empfohlene Schutzmaßnahmen: *U. a.: Gefahrstellen (z. B. vereiste Rohre, Materiealien) abschirmen, Notfallsignalschalter, Gefahrstellen deutlich kennzeichnen, geeignete persönliche Schutzausrüstung bereitstellen.*					
12.6 Gefährdungen durch Arbeitsumgebungsbedingungen				☐	
Ersticken, Ertrinken, Verschütten				☐	
Gefahrenquelle: ***Arbeiten in Silos, Behältern, Arbeiten an, auf und über dem Wasser, in Abwassersystemen, an Klärbecken***					
Prüfung folgender Punkte:					
1.	Können Mitarbeiter im Schüttgut versinken oder von herabfallenden Anhaftungen verschüttet werden?	☐	☐	☐	
2.	Stehen den Beschäftigten geprüfte, automatisch aufblasbare Rettungswesten zur Verfügung?	☐	☐	☐	
3.	Gibt es eine Siloeinfahreinrichtung (SEE), um eine verschüttete Person herauszuziehen?	☐	☐	☐	
4.	Achten Sie auf die besonderen Gefährdungen, die vom Schüttgut in Silos ausgehen können (z. B. Absturz, Quetsch- und Einzugsgefahren, Gefahrstoffe, gefährliche explosionsfähige Atmosphäre). Schüttgüter gehören zu den gefährdenden Medien.	☐	☐	☐	
5.	Haben Sie mechanische Einrichtungen als Gefahrenquelle im Blick z. B. Förderschnecken, Trogkettenförderer oder Entnahmeklappen?	☐	☐	☐	
6.	Ist das Arbeiten in z. B. Silos ausschließlich mit Erlaubnisschein möglich?	☐	☐	☐	
7.	Werden die Mitarbeiter regelmäßig unterwiesen?	☐	☐	☐	
8.	Wurden geeignete organisatorische Schutzmaßnahmen (Füll- und Entnahmeeinrichtungen abstellen, Anhaftungen oder Stauungen möglichst von außen beseitigen, nur oberhalb von Schüttgütern arbeiten, Regeln zum Betreten von Schüttgütern festlegen, Gefahren durch freie Seilenden vermeiden) festgelegt?	☐	☐	☐	
Empfohlene Schutzmaßnahmen: *U. a.: Absturzsicherungen/Geländer/Umwehrungen anbringen, Öffnungen sichern/abdecken, Persönliche Schutzausrüstung gegen Absturz bereitstellen und verwenden, Rettungswesten, Beatmungsgeräte, Notfallsignalschalter bereitstellen und verwenden*					

Nr.	Prüffragen	Gefährdung			Maßnahmen bis wann
		Ja	Nein	Nicht relevant	
12.7 Sonstige Gefährdungen				☐	
Menschen				☐	
Gefahrenquelle: ***Überfall, Hilflosigkeit, Unachtsamkeit***					
1.	Ist der Beschäftigte für die Tätigkeit geeignet?	☐	☐	☐	
2.	Sind dem Mitarbeiter alle Gefährdungen bekannt?	☐	☐	☐	
3.	Dauer der Arbeitszeit und Arbeitsintensität beachten.	☐	☐	☐	
Empfohlene Schutzmaßnahmen: *U. a.: Regelmäßige Rückmeldung vereinbaren, Standortbestimmung, Arbeitsaufgaben/Tätigkeiten nach Eignung vergeben, Sicherheitsunterweisungen durchführen und einhalten.*					
12.8 Pflanzen und pflanzliche Produkte				☐	
Gefahrenquelle: ***sensibilisierende und toxische Wirkungen (chemische Stoffe, Pflanzenschutz- und Schädlingsbekämpfungsmittel), Vergiftungen***					
Prüfung folgender Punkte:					
1.	Können giftige Produkte ersetzt werden?	☐	☐	☐	
2.	Sicherheitsvorschriften einhalten.	☐	☐	☐	
3.	Wird geeignete PSA (z. B. Handschuhe, Arbeitskleidung) bereitgestellt und verwendet?	☐	☐	☐	
4.	Sind Vorsorgeuntersuchungen nach ArbMed-VV (Anhang, Teil 2) notwendig?	☐	☐	☐	
5.	Finden regelmäßige Schulungen und Unterweisungen statt?	☐	☐	☐	
Empfohlene Schutzmaßnahmen: *U. a.: Sicherheitsunterweisungen im Umgang mit gefährlichen Pflanzen durchführen und befolgen, arbeitsmedizinische Beratung/Vorsorgeuntersuchungen anbieten und durchführen, geeignete Persönliche Schutzkleidung bereitstellen, nur geeignete Beschäftigte einsetzen.*					

Datum, Unterschrift des Prüfers: ______________________________

Leitfaden: Gefährdungen bewerten

Firma/Einrichtung und Stempel

Gefährdungen beurteilen – Wie nehme ich Bewertungen richtig vor?

Die grundsätzliche Herausforderung bei der Beurteilung einzelner Gefährdungen besteht darin, für alle ermittelten Gefährdungen und gesundheitlichen Belastungen bei der Arbeit eine Bewertung vorzunehmen.

Was ist zu tun?

Alle Gefährdungen und Gesundheitsbeeinträchtigungen sowie deren Ursachen und gefahrbringenden Bedingungen sind dahin gehend zu beurteilen, ob ein Risiko und somit Handlungsbedarf für Arbeitsschutzmaßnahmen besteht. Es muss eingeschätzt werden, wie gravierend eine Unfallgefahr oder eine gesundheitliche Belastung ist und mit welcher Wahrscheinlichkeit diese eintreten kann.

In den meisten Fällen finden sich Beurteilungen bereits in Vorgaben von Gesetzen, Verordnungen, technischen und berufsgenossenschaftlichen Regelwerken wieder.

Überall dort, wo es im Vorschriften- und Regelwerk bestehende Vorgaben gibt und wo aufgrund von Messwerten präzise festgestellt werden kann, ob ein Risiko besteht oder nicht, müssen diese zwingend eingehalten werden.

- Es ist zunächst zu prüfen, ob es für die ermittelten Gefährdungen vom Gesetzgeber oder den Berufsgenossenschaften quantitativ messbare Vorgaben, z. B. Grenz-, Richt- Auslöse- und Schwellenwerte, gibt, die entweder nicht überschritten werden dürfen oder ab denen konkrete Maßnahmen erforderlich werden.
- Die Gefährdungen sind anhand dieser Vorgaben zu beurteilen.

Stehen keine quantitativ messbaren Vorgaben zur Verfügung, ist zu überprüfen, ob es in Gesetzen, Verordnungen und Regelwerken qualitative Anforderungen gibt, an denen die Risikobeurteilung orientiert werden kann (z. B. Einhaltung der Schutzabstände in elektrischen Anlagen oder Schutzmaßnahmen bei Absturzgefahren).

- Es ist zu prüfen, ob in Vorschriften, Regeln, Normen qualitative Anforderungen für die Tätigkeit oder Gefährdung beschrieben sind und für den vorliegenden Fall geeignet sind.
- Die Gefährdungen sind anhand dieser Vorgaben zu beurteilen.

Existieren für ermittelte Gefährdungen keine bindenden Vorgaben zur Risikobeurteilung, muss die Beurteilung an den grundlegenden Pflichten im Arbeitsschutz vorgenommen werden und das Risiko anhand der von der Gefährdung verursachten Schadenschwere und anhand der Wahrscheinlichkeit, dass der Schaden eintritt, selbst eingeschätzt und anschließend beurteilt werden.

Das heißt konkret: In diesen Fällen ist eine eigene Risikoeinschätzung und -bewertung vorzunehmen!

Welches Hilfsmittel eignet sich?

Hierfür hat sich in der Praxis der Einsatz einer Risikomatrix (z. B. von Nohl) als geeignetes Hilfsmittel bewährt. Die Risikomatrix finden Sie als Vorlage im Abschnitt „Bewertung".

Mithilfe der Risikomatrix ist zunächst anhand vordefinierter Bewertungskriterien das mögliche Schadensausmaß einer Gefährdung und die mögliche Eintrittswahrscheinlichkeit eines Gesundheitsschadens einzuschätzen. Anhand der Matrix ist es dann möglich, die daraus resultierende Risikoeinschätzung von gering bis hoch für die jeweilige Gefährdung abzulesen und zu beurteilen.

Wie ist vorzugehen?

Grundsätzlich wächst das Risiko einer Gefährdung mit dem möglichen Schadensausmaß und der Wahrscheinlichkeit für den Eintritt eines Schadens.

FORUM

Schritt 1:

Für jede ermittelte Gefährdung ist anhand der Risikomatrix zunächst das mögliche Schadensausmaß zu bestimmen:

- Es ist zu bewerten, wie folgenschwer ein möglicher Gesundheitsschaden sein kann. Dabei sind nicht nur mögliche Unfallschäden zu berücksichtigen, sondern auch psychische Belastungen, die ebenfalls zu Gesundheitsbeeinträchtigungen führen können.
- Anhand der Risikomatrix sollte das mögliche Schadensausmaß eingeschätzt werden (z. B. kein Schaden, leichter bleibender Schaden, schwerer bleibender Schaden usw.).

Schritt 2:

Für jede ermittelte Gefährdung ist die Wahrscheinlichkeit für den Eintritt eines Gesundheitsschadens zu bestimmen:

- Es ist zu bewerten, wie wahrscheinlich eine Unfallgefahr oder Gesundheitsbeeinträchtigung auftreten kann. Berücksichtigen Sie hierbei vor allem auch, wie häufig und wie lange sich die Beschäftigten im jeweiligen Gefahrenbereich aufhalten.
- Anhand der Risikomatrix sollte die Eintrittswahrscheinlichkeit eingeschätzt werden (z. B. nie, selten, gelegentlich, häufig usw.).

Schritt 3:

Aus der Einstufung darüber, wie gravierend und wahrscheinlich ein Gesundheitsschaden aufgrund einer Gefährdung ist, ergibt sich nun über die Risikomatrix ein ablesbarer Farb- und Punktwert für eine Risikoeinschätzung. Je nach vorgenommener Einstufung in den Schritten 2 und 3 kann die Risikoeinschätzung für eine Gefährdung gering bis hoch ausfallen.

- Es ist über die Risikomatrix der Farb- und Punktwert für die betrachtete Gefährdung zu ermitteln.

Schritt 4:

Anhand des ermittelten Punktwerts kann mithilfe der Risikomatrix anschließend beurteilt werden, ob Schutzmaßnahmen zur Risikovermeidung bzw. -minimierung festgelegt werden müssen.

- Dabei ist zu bewerten, ob das vorliegende Risiko kleiner als das höchste akzeptable und zulässige Risiko ist.
- Es ist zu beurteilen, ob und mit welcher Dringlichkeit sich aus dem Risiko ein Handlungsbedarf für Schutzmaßnahmen ergibt.
- Das Ergebnis sollte dokumentiert werden.

Wie ist zu dokumentieren?

Das Ergebnis der Beurteilung sowie die getroffenen Maßnahmen sollten in der Gefährdungsbeurteilung nachvollziehbar dokumentiert werden. Entsprechende Dokumentationsvorlagen stehen im Abschnitt „Dokumentation“ zur Verfügung.

Risikomatrix

Firma/Einrichtung und Stempel

Risikobewertung

1. Nehmen Sie für jede vorliegende Gefährdung eine Bewertung vor.
2. Beurteilen Sie das mögliche Schadensausmaß und die Wahrscheinlichkeit für den Eintritt eines Schadens.
3. Leiten Sie aus der Punktzahl den Handlungsbedarf ab.

		Schadensausmaß (physisch/psychisch)				
Wahrscheinlichkeit Gesundheitsschaden	Ohne Folgen	Ohne Arbeits-ausfall	Mit Arbeits-ausfall	Leichter bleibender Schaden	Schwerer bleibender Schaden	Katastrophal inkl. Tod
Ausgeschlossen	0	0	0	0	0	0
Sehr selten	0	0	0	1	4	5
Selten	0	0	1	3	5	7
Gelegentlich	0	1	2	6	8	9
Hoch	0	1	4	7	9	10

Risikobeurteilung

0–1 Punkt = Stufe 1 Alltägliches Lebensrisiko

Mit dem Eintritt eines Gesundheitsschadens ist nicht zu rechnen.
Kein zwingender Handlungsbedarf.

2–3 Punkte = Stufe 2 Leichtes Risiko

Mit dem Eintritt eines leichten, vorübergehenden Gesundheitsschadens ist zu rechnen.
Handlungsbedarf (z. B. in Form von Warnhinweisen, Mitarbeiterunterweisungen etc.)

4–6 Punkte = Stufe 3 Erhöhtes Risiko

Mit dem Eintritt eines vorübergehenden mittleren Gesundheitsschadens ist zu rechnen.
Erhöhter Handlungsbedarf (z. B. Bereitstellung von Schutzausrüstungen, Erstellen von Arbeits- und Betriebsanweisungen etc.)

7–8 Punkte = Stufe 4 Hohes Risiko

Mit dem Eintritt eines bleibenden Gesundheitsschadens ist zu rechnen.
Dringender Handlungsbedarf (z. B. technische Schutzmaßnahmen)

9–10 Punkte = Stufe 5 Lebensgefahr

Sofortige Einstellung der Tätigkeit.
Die Gefahrenquellen sind vor der Wiederaufnahme der Tätigkeit zu beseitigen.

FORUM

MASSNAHMEN

Merkblatt STOP-Prinzip

Firma/Einrichtung und Stempel

Betriebsbereich: ______________________________

Betrachtungseinheit (z. B. Arbeitsplatz, Tätigkeit): ______________________________

Erstellt durch: ______________________________

Ort und Datum der Prüfung: ______________________________, den ______________________________
(Ort) (Datum)

Schutzmaßnahmen nach dem STOP-Prinzip
Das STOP-Prinzip dient als Rangfolge von Schutzmaßnahmen – also eine Maßnahmenhierarchie. An die Rangfolge muss der Arbeitgeber sich bei der Festlegung und Anwendung von Schutzmaßnahmen halten. Alle neuen bzw. ergänzenden Schutzmaßnahmen sind in die Gefährdungsbeurteilung aufzunehmen.

S – Substitution	
Ersatz eines Gefahrstoffes, Ersatz eines Verfahrens/ Prozesses mit geringerer Gefährdung.	Substitution oder Verfahrensänderung nicht möglich? Technische Maßnahmen prüfen und umsetzen.

T – Technische Schutzmaßnahmen	
Beachte: Stand der Technik bei Arbeitsmitteln und der Einrichtung von neuen Arbeitsplätzen.	Substitution und technische Maßnahmen reichen nicht aus? Organisatorische Maßnahmen prüfen und umsetzen.

O – Organisatorische Schutzmaßnahmen	
Schutzmaßnahmen (Regeln, Anweisungen) sollen nachhaltig ausreichend sein.	Technische und organisatorische Maßnahmen reichen nicht aus? Persönliche Schutzmaßnahmen anwenden.

P – Persönliche Schutzmaßnahmen	
Wird die Gefährdung mit den ersten drei Maßnahmen nicht gestoppt oder verringert, ist PSA bereitzustellen/ anzuwenden.	Alle Maßnahmen werden umgesetzt/angewendet, um Gefährdung(en) zu verringern bzw. auszuschließen.

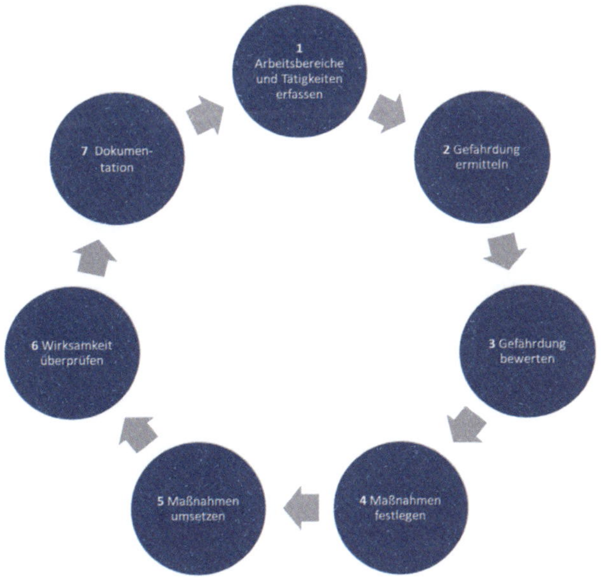

Regelkreis bei der Beurteilung von Arbeitsbedingungen

Das STOP-Prinzip richtet sich nach dem ArbSchG und der BetrSichV

Alle Maßnahmen sind nachvollziehbar darzustellen und in der Gefährdungsbeurteilung (GBU) und in mitgeltenden Unterlagen/Dokumenten wie z. B. Gefahrstoffkataster (GefStoffK) entsprechend zu dokumentieren

Alle STOP-Schutzmaßnahmen können auch miteinander kombiniert werden

	STOP-Maßnahmen	Maßnahmenmöglichkeiten	Info
S	**Substitutionsprüfung und Substitution**	• Ersatz gefährlicher Stoffe • Ersatz gefährlicher Verfahren • Ersatz gefährlicher Werkzeuge, Materialien	TRGS 600 GefStoffV Eintrag in GBU Eintrag in GefStoffK
T	**Technische Schutzmaßnahmen**	• Bauliche Maßnahmen – Einhausungen – eine räumliche Trennung – Abzugsystem – Geländesicherung Abnehmende Wirksamkeit beachten: (1) Geschlossene Systeme (2) Absaugung an Entstehungs- oder Austrittsstelle (3) Raumbe- und -entlüftung	TRGS TRGS 460 Eintrag in GBU
O	**Organisatorische Schutzmaßnahmen**	• Erstellung von Betriebsanweisungen • Durchführung von Unterweisungen • Wege-Kennzeichnung (Fußgänger, Stapler) • Reduzierung der Personenanzahl im Arbeitsbereich • Andere Arbeitsverfahren • Zugangsberechtigungen • Abgrenzung/Absperrung • Arbeitszeitregulierung • Pausenveränderung • Zeitliche Reduzierung der Belastung • Festlegung sicherer Arbeitsabläufe • Kennzeichnung von Gefahrenbereichen	TRGS Eintrag in GBU
P	**Persönliche Schutzmaßnahmen**	• Kurzzeitige Tätigkeiten mit erhöhter, unregelmäßiger oder gelegentlicher Exposition – Tragen von Atemschutz – Tragen eines Helms – Tragen einer Schutzbrille – Tragen von Handschuhen – Tragen eines Körperschutzes – Gehörschutz	TRGS Eintrag in GBU

Merkblatt Leitmerkmalmethode

Firma/Einrichtung und Stempel

Aufgabe der Leitmerkmalmethode (LMM)

Bestimmung der Wahrscheinlichkeit für eine zu hohe körperliche Beanspruchung mit eventuellen negativen Folgen für die Gesundheit.

Belastungsart	Zuordnung LMM	Anwendungsbereiche
Manuelles Heben, Halten und Tragen von Lasten	LMM-HHT	• Heben, Halten, Tragen von Lasten ≥ 3 kg • Umsetzen, Halten, Transport von Lasten (< 10 m) • Senken und Umsetzen sind eingeschlossen → Lasten sind Gegenstände, Personen oder Tiere
Manuelles Ziehen und Schieben von Lasten	LMM-ZS	• Ziehen, Schieben von schweren Gegenständen, Maschinen, Teilen oder Fahrzeugen mittels Muskelkraft
Manuelle Arbeitsprozesse	LMM-MA	• Einheitliche, sich wiederholende Bewegungsabläufe und Kraftaufwendungen der Arme, Hände, Schultergürtel • Verwendung von leichten Hilfsmitteln, kleineren Werkzeugen oder handgeführten Maschinen • Bearbeitung (Veränderung) von Gegenständen, Materialien • Bewegung (Handhabung) von Gegenständen bis ca. 3 kg → Ausführung erfolgt vorrangig im Sitzen oder Stehen
Körperzwangshaltung	LMM-KH	• Alle Tätigkeiten mit Körperzwangshaltungen • Ununterbrochene anstrengende Körperhaltung, die durch den Arbeitsprozess vorgegeben ist (einmalig ≥ 1 Minute, wiederholt ≥ 10 Sekunden)
Körperfortbewegung	LMM-KB	• Körperbewegung hin zu einem Ort oder Bereich unabhängig von Körperanstrengungen
Ganzkörperkräfte	LMM-GK	• Bearbeiten großer Werkstücke, Bedienung von Anlagen, Maschinen, Armaturen und Vorrichtungen, Bewegung von Gegenständen, Benutzung von Werkzeugen → Kraftübertragung über Hände, Fortleitung über Schultern, Rücken, Beine und Füße möglich → Vorrangig (ausschließlich) stehende Kraftaufwendung

Zu prüfende Kriterien bei der Anwendung der LMM für manuelles Heben, Halten und Tragen von Lasten | LMM-HHT

Prüfkriterien	Alternative/zusätzliche Methode
• Lastveränderung, Lastverteilung • Verwendung von Hilfsmitteln beim Heben, Halten und Tragen von Lasten • Handgehaltene Maschinentätigkeit • Am Körper getragene Maschinen, Werkzeuge • Steh- oder Sitztätigkeit	LMM-MA
• Verteilung des Lastschwerpunkts • Hände sind körpernah oder durchweg körperfern • Hände sind oft oder durchweg über der Schulterhöhe • Lastaufnahme in bückender, hockender oder kniender Haltung	LMM-KH
• Tragen der Last über weite Distanzen (> 10 m) • Tragen der Last in erschwerter Körperhaltung mit Steigerung oder Gefälle > 10° (durch Schächte, auf Leitern, Klettern, Treppen) • Tragen der Last durch einseitige oder beidseitige Schulterbelastung (u. a. Rucksack)	LMM-KB
• Lastveränderung durch Anbringen von Bauteilen • Verwendung von Hilfsmitteln beim Heben, Halten und Tragen von Lasten • Handgehaltene Maschinentätigkeit • Am Körper getragene Maschinen, Werkzeuge oder Vergleichbares • Lastverteilung auf gesamten Körper (nicht mehr im Sitzen möglich)	LMM-GK

FORUM

Zu prüfende Kriterien bei der Anwendung der LMM für manuelles Ziehen und Schieben von Lasten | LMM-ZS	
Prüfkriterien	**Alternative/zusätzliche Methode**
• Lastverteilung/Lastbewegung mit mechanischem Hilfsmittel (Flurförderzeug, Treppengleiter, Mitgänger-Flurförderzeug)	LMM-KB
• Lastverteilung/Lastbewegung mit mechanischem Hilfsmittel (Flurförderzeug, Treppengleiter, Mitgänger-Flurförderzeug) • Lastverteilung/Lastbewegung ohne mechanische Hilfsmittel (über den Boden schleifen, ziehen, schieben) • Hebehilfe ohne Fortbewegung verwenden (Saugheber, Kran, Minilifter, Schlauchheber)	LMM-GK

Zu prüfende Kriterien bei der Anwendung der LMM für manuelle Arbeitsprozesse | LMM-MA	
Prüfkriterien	**Alternative/zusätzliche Methode**
• Anheben, Umsetzten, Absetzen, Halten, Tragen von Lasten ≥ 3 kg	LMM-HHT
• Ziehen, Schieben von Lasten ≥ 3 kg	LMM-ZS
• Oberkörper nach vorn geneigt, längeres/ständiges Bücken • Tätigkeiten im Knien, Hocken, Liegen • Häufige Verdrehung des Oberkörpers oder häufige Seitenneigung • Unbewegliche/verkrampfte/starre Körperhaltung (z. B. Labor) • Häufige Veränderung der natürlichen (normalen) Kopfhaltung bzw. -bewegung • Häufiges Arbeiten/Greifen über Schulterhöhe (z. B. Deckentätigkeit/-montage) • Häufiges Arbeiten/Greifen weg vom Körper	LMM-KH
• Lastausübungsbewegung gehend, kriechend (nicht stationär: sitzen, stehend, kniend, hockend, liegend)	LMM-KB
• Ständige erhöhte Kraftaufbringung bei Nutzung/Bedienung von Werkzeugen, Vorrichtungen, Materialien, Armaturen	LMM-GK

Zu prüfende Kriterien bei der Anwendung der LMM für Körperzwangshaltung | LMM-KH	
Prüfkriterien	**Alternative/zusätzliche Methode**
• Anheben, Umsetzten, Absetzen, Halten, Tragen von Lasten ≥ 3 kg	LMM-HHT
• Ziehen, Schieben von Lasten ≥ 3 kg	LMM-ZS
• Eintönige/monotone wiederkehrende Handbewegung mit Kraftaufwendung	LMM-MA
• Fortbewegung(en) im Arbeitsumfeld/Arbeitsbereich	LMM-KB
• Kraftaufwendiges/kräftezehrendes Ganzkörperarbeiten	LMM-GK

Zu prüfende Kriterien bei der Anwendung der LMM für Körperfortbewegung | LMM-KB	
Prüfkriterien	**Alternative/zusätzliche Methode**
• Tragen von Lasten ≥ 3 kg über kurze Distanzen (< 10 m)	LMM-HHT
• Ziehen, Schieben von Lasten ≥ 3 kg	LMM-ZS
• Eintönige/monotone wiederkehrende Handbewegung mit Kraftaufwendung	LMM-MA
• Kriechende oder stark gebückte Fortbewegung	LMM-KH
• Kraftaufwendiges/kräftezehrendes Ganzkörperarbeiten	LMM-GK

Zu prüfende Kriterien bei der Anwendung der LMM für Ganzkörperkräfte | LMM-GK	
Prüfkriterien	**Alternative/zusätzliche Methode**
• Anheben, Umsetzten, Absetzen, Halten, Tragen von Lasten ≥ 3 kg	LMM-HHT
• Ziehen, Schieben von Lasten ≥ 3 kg	LMM-ZS
• Eintönige/monotone Tätigkeit mit sich regelmäßig wiederholenden Schritten bei geringer Kraftaufbringung unter Verwendung von kleinen Werkzeugen	LMM-MA
• Starke Körpervor- und Körperrückneigung • Häufige Verdrehung des Oberkörpers oder häufige Seitenneigung • Oberkörper nach vorn geneigt, längeres/ständiges Bücken • Tätigkeiten im Knien, Hocken • Häufiges Arbeiten/Greifen über Schulterhöhe (z. B. Deckentätigkeit/-montage) • Häufiges Arbeiten/Greifen weg vom Körper	LMM-KH

Technische Schutzmaßnahmen

Firma/Einrichtung und Stempel

Nr.	Prüffragen	berücksichtigt		Maßnahmen bis wann
		Ja	Nein	
1.	Abdeckung gefährlicher Bereiche	☐	☐	
2.	Abdeckung gefährlicher Flächen	☐	☐	
3.	Einbau von Kontaktschaltern	☐	☐	
4.	Einbau von Lichtschranken	☐	☐	
5.	Kontrolleinrichtungen	☐	☐	
6.	Überspannungsschutz	☐	☐	
7.	Messwertvergleiche	☐	☐	
8.	Not-Aus-Schalter	☐	☐	
9.	Absperrung gefährlicher Bereiche	☐	☐	
10.	Elektrische Sicherung	☐	☐	
11.	FI-Schutzschalter	☐	☐	
12.	Elektrische Isolierung	☐	☐	
13.	Isolierung gegen Hitze/Kälte	☐	☐	
14.	Nachrüsten technischer Sicherheitsmaßnahmen	☐	☐	
15.	Abstand durch technische Schutzmaßnahmen	☐	☐	
16.	Trennung von Mensch und Gefahr durch Einsatz technischer Maßnahmen	☐	☐	
17.	Standsicherheit durch technische Maßnahmen gesichert	☐	☐	
18.	Ersatz von Arbeitsmitteln zur Reduzierung von Gefahren	☐	☐	
19.	Feststehende trennende Schutzeinrichtung (z. B. Abdeckblech)	☐	☐	
20.	Bewegliche trennende Schutzeinrichtung (z. B. Abdeckhaube)	☐	☐	
21.	Steuernde trennende Schutzeinrichtung (z. B. automatische Verriegelung)	☐	☐	
22.	Einstellbare trennende Schutzeinrichtung (z. B. Distanzhalter, Niederhalter)	☐	☐	
23.	Verriegelte trennende Schutzeinrichtung (z. B. Tür mit Schließkontakt)	☐	☐	
24.	Verriegelte trennende Schutzeinrichtung mit Zuhaltung (z. B. Tür mit Schließkontakt und Sperre)	☐	☐	
25.	Begrenzungseinrichtung (z. B. Absperrung)	☐	☐	
26.	Verriegelungseinrichtung (z. B. Schließzylinder)	☐	☐	
27.	Zustimmungseinrichtung (z. B. Bestätigung)	☐	☐	
28.	Schrittschaltung (z. B. Einzelfreigabe)	☐	☐	

Nr.	Prüffragen	berücksichtigt		Maßnahmen bis wann
		Ja	Nein	
29.	Durch Formschluss wirkende Schutzeinrichtung (z. B. Mitnehmer)	☐	☐	
30.	Verriegelte trennende Schutzeinrichtung (z. B. Tür mit Schließkontakt)	☐	☐	
31.	Zweihandschaltung	☐	☐	
32.	Schutzeinrichtung mit Annäherungsreaktion mechanisch betätigt (z. B. Zugseil)	☐	☐	
33.	Schutzeinrichtung mit Annäherungsreaktion nicht mechanisch betätigt (z. B. Infrarot, optisch)	☐	☐	
34.	Steuereinrichtung mit selbsttätiger Rückstellung	☐	☐	
35.	Abweisende Schutzeinrichtung (Fingerabweiser an Einzugsrollen, Fußabweiser an Fahrrollen)	☐	☐	
36.	Verdrängungsräume bei starkem Schmutzanfall	☐	☐	
37.	Rutschhemmende Beschichtungen	☐	☐	
38.	Vermeidung wechselnder Fußbodenbeläge	☐	☐	
39.	Vermeidung von Steighöhenunterschieden	☐	☐	
40.	Pflegeleichte Oberflächenbeschaffenheit	☐	☐	
41.	Witterungsschutz aufstellen	☐	☐	
42.	Anbringen von Gleitschutzleisten	☐	☐	
43.	Befestigungen anbringen	☐	☐	
44.	Treppen umgestalten	☐	☐	
45.	Technische Brandschutzmaßnahmen erforderlich	☐	☐	
46.	Technische Explosionsschutzmaßnahmen erforderlich	☐	☐	
47.	Klimaanlagen, Sonnenschutz (Markisen etc.) in Büroräumen	☐	☐	
48.	Ergonomische Büromöbel bzw. Büroarbeitsplätze	☐	☐	
49.	Ergonomische Arbeitsmittel (Tastaturen, Fußstützen etc.) bzw. ergonomisch gestaltete Arbeitsplätze	☐	☐	
50.	Ausreichende Beleuchtung am Arbeitsplatz	☐	☐	
51.		☐	☐	
52.		☐	☐	
53.		☐	☐	
54.		☐	☐	
55.		☐	☐	
56.		☐	☐	
57.		☐	☐	

Datum, Unterschrift des Prüfers: ____________________

Organisatorische Schutzmaßnahmen

Firma/Einrichtung und Stempel

Nr.	Prüffragen	berücksichtigt Ja	berücksichtigt Nein	Maßnahmen bis wann
1.	Regelmäßige Prüfung von elektrischen Anlagen und Betriebsmitteln (DGUV Vorschrift 3)	☐	☐	
2.	Außerbetriebnahme von elektrischen Anlagen und Betriebsmitteln (DGUV Vorschrift 3), wenn keine bzw. eine ungültige Prüfplakette vorhanden ist	☐	☐	
3.	Regelmäßige Prüfung genau definierter prüfbedürftiger Werkzeuge, Anlagen und Einrichtungen (§ 10 BetrSichV) gemäß Übersicht	☐	☐	
4.	Generell: Außerbetriebnahme von Arbeitsmitteln, die eine ungültige Prüfplakette aufweisen	☐	☐	
5.	Generell: Regelmäßige Prüfung sonstiger prüfbedürftiger Werkzeuge, Anlagen und Einrichtungen (§10 BetrSichV) vor der Benutzung	☐	☐	
6.	Generell: Regelmäßige Prüfung sonstiger prüfbedürftiger Werkzeuge, Anlagen und Einrichtungen (§ 10 BetrSichV) während der Benutzung	☐	☐	
7.	Generell: Regelmäßige Prüfung sonstiger prüfbedürftiger Werkzeuge, Anlagen und Einrichtungen (§10 BetrSichV) während der Benutzung, Außerbetriebnahme bei sicherheitsrelevanten Mängeln	☐	☐	
8.	Beachtung besonderer Prüffristen	☐	☐	
9.	Generell: Ausreichende Unterweisung vor Beginn der Tätigkeit, danach jährlich und bei Bedarf (§ 12 ArbSchG)	☐	☐	
10.	Arbeitsmedizinische Vorsorgeuntersuchungen bei Bedarf gemäß Empfehlung des Betriebsarztes	☐	☐	
11.	Sicherheitsdatenblätter von allen eingesetzten Gefahrstoffen vorhanden	☐	☐	
12.	Betriebsanweisungen zu allen eingesetzten Gefahrstoffen vorhanden (einzeln und/oder zusammengefasst)	☐	☐	
13.	Basismaßnahmen nach TRGS 500 „Schutzmaßnahmen" eingehalten	☐	☐	
14.	Generell: Betriebsanweisungen vorhanden	☐	☐	
15.	Generell: Kennzeichnung der Arbeitsbereiche mit Verbots-, Gebots-, Warnzeichen	☐	☐	
16.	Lärmbereich ab 80 dB (A) PSA bereitstellen	☐	☐	
17.	Generell: Nachweis besonderer Qualifikationen (Schulung/Ausbildung) für diese Tätigkeiten (Ausbildungsnachweis)	☐	☐	
18.	Standsicherheit durch organisatorische Maßnahmen gesichert	☐	☐	
19.	Arbeiten nur zu zweit ausführen	☐	☐	
20.	Täglich nach Checkliste durchgeführte Abfahrtkontrolle bzw. Kontrolle des Arbeitsmittels	☐	☐	

FORUM

Nr.	Prüffragen	berücksichtigt		Maßnahmen bis wann
		Ja	Nein	
21.	Eintragungen von Abweichungen in ein Betriebstagebuch	☐	☐	
22.	Einsatz nur nach besonderer Schulung und Beauftragung	☐	☐	
23.	Einsatz nur mit Arbeitsfreigabeschein	☐	☐	
24.	Benennung eines Koordinators	☐	☐	
25.	Einsatz nur nach Koordinatorenbesprechung	☐	☐	
26.	Besondere Hygiene bzw. Reinigungsmaßnahmen erforderlich	☐	☐	
27.	Erstellen eines Explosionsschutzdokuments	☐	☐	
28.	Erstellen von Lärmminderungsprogrammen (bei über 80 dB (A))	☐	☐	
29.	Bedienungsanleitung vorhanden und verständlich	☐	☐	
30.	Temporärer Witterungsschutz	☐	☐	
31.	Reinigungsmaßnahmen	☐	☐	
32.	Ordnung und Sauberkeit verbessern	☐	☐	
33.	Trocknungsmaßnahmen	☐	☐	
34.	Lüftungsmaßnahmen durch Öffnen von Fenstern und Türen	☐	☐	
35.	Ausreichende Belüftung durch Verlegung der Tätigkeit ins Freie	☐	☐	
36.	Anbringung von Kontrastfarben, um auf Gefahrenstellen hinzuweisen	☐	☐	
37.	Einhalten der 5 Sicherheitsregeln beim Umgang mit elektrischem Strom:			
	• Freischalten	☐	☐	
	• gegen Wiedereinschalten sichern	☐	☐	
	• Spannungsfreiheit feststellen	☐	☐	
	• erden und kurzschließen	☐	☐	
	• benachbarte, unter Spannung stehende Teile abdecken oder abschranken.	☐	☐	
38.	Beachten der Gefahrenzonen im Bereich um unter Spannung stehende Teile	☐	☐	
39.	Beachten der Annäherungszonen im Bereich um unter Spannung stehende Teile	☐	☐	
40.	Verwendung von isoliertem Werkzeug	☐	☐	
41.	Organisatorische Brandschutzmaßnahmen erforderlich	☐	☐	
42.	Organisatorische Explosionsschutzmaßnahmen erforderlich	☐	☐	
43.	Biologische Arbeitsstoffe: Einhaltung der TRBA 500	☐	☐	
44.		☐	☐	
45.		☐	☐	
46.		☐	☐	
47.		☐	☐	

Datum, Unterschrift des Prüfers: ____________________

Persönliche Schutzmaßnahmen

Firma/Einrichtung und Stempel

Nr.	Prüffragen	berücksichtigt		Maßnahmen bis wann
		Ja	Nein	
1.	DGUV Regel 112-989: Benutzung von Schutzkleidung	☐	☐	
2.	DGUV Regel 112-190: Benutzung von Atemschutzgeräten	☐	☐	
3.	DGUV Regel 112-191: Benutzung von Fuß- und Knieschutz	☐	☐	
4.	DGUV Regel 112-192: Benutzung von Augen- und Gesichtsschutz	☐	☐	
5.	DGUV Regel 112-193: Benutzung von Kopfschutz	☐	☐	
6.	DGUV Regel 112-194: Benutzung von Gehörschutz	☐	☐	
7.	DGUV Regel 112-194 – Anhang 3: Aktualisierte Fassung des Anhangs 3 der DGUV Regel 112-194 „Benutzung von Gehörschutz" aus 08/2018	☐	☐	
8.	DGUV Regel 112-995: Benutzung von Schutzhandschuhen	☐	☐	
9.	DGUV Regel 112-202: Benutzung von Stechschutzkleidung, Stechschutzhandschuhen und Armschützern	☐	☐	
10.	DGUV Regel 112-198: Einsatz von persönlichen Schutzausrüstungen gegen Absturz	☐	☐	
11.	DGUV Regel 112-199: Retten aus Höhen und Tiefen mit persönlichen Absturzschutzausrüstungen	☐	☐	
12.	DGUV Regel 112-200: Benutzung von Stechschutzhandschuhen und Armschützern	☐	☐	
13.	DGUV Regel 112-201: Benutzung von persönlichen Schutzausrüstungen gegen Ertrinken	☐	☐	
14.	DGUV Information 212-007: Chemikalienschutzhandschuhe	☐	☐	
15.	DGUV Information 212-013: Hitzeschutzkleidung	☐	☐	
16.	DGUV Information 212-016: Warnkleidung	☐	☐	
17.	DGUV Information 212-017: Auswahl, Bereitstellung und Benutzung von beruflichen Hautmitteln	☐	☐	
18.	DGUV Information 212-024: Gehörschutz	☐	☐	
19.	DGUV Information 212-515: Persönliche Schutzausrüstungen	☐	☐	
20.	DGUV Information 212-621: Kurzinformation Gehörschutz	☐	☐	
21.	Einsatz von Isoliermatten oder anderen Isolationen	☐	☐	

FORUM

Nr.	Prüffragen	berücksichtigt		Maßnahmen bis wann
		Ja	Nein	
22.	Einsatz von Wärmeschutzmatten/Schutz gegen Hitze	☐	☐	
23.	Einsatz von Kälteschutzmatten/Schutz gegen Kälte	☐	☐	
24.	Einsatz von Regenjacken/Wetterschutz	☐	☐	
25.	Einsatz von Kopfschutz mit Helmleuchte	☐	☐	
26.	Schutz gegen Verbrennungen	☐	☐	
27.	Schutz gegen biologische Arbeitsstoffe, z. B. Desinfektionsmaßnahmen	☐	☐	
28.	Hautschutzmaßnahmen	☐	☐	
29.		☐	☐	
30.		☐	☐	
31.		☐	☐	
32.		☐	☐	
33.		☐	☐	
34.		☐	☐	

Datum, Unterschrift des Prüfers: ______________________________

DOKUMENTATION

Deckblatt Gefährdungsbeurteilung

Firma/Einrichtung und Stempel

1. Allgemeine Angaben

Name der Firma/Einrichtung: ______________________

Verantwortlich für die Firma/Einrichtung: ______________________

Die Gefährdungsbeurteilung wurde erstellt am: ____.____.________

2. Beteiligte bei der Erarbeitung der Gefährdungsbeurteilung:

Arbeitsbereich/Arbeitsgruppe	Name, Vorname
Unternehmer/Führungskraft	
Fachkraft für Arbeitssicherheit	
Betriebsarzt	
Sicherheitsbeauftragter	
Personalrat	
Sonstige	

3. Die Gefährdungsbeurteilung wurde überprüft/fortgeschrieben am:

____.____.________ Datum	____.____.________ Datum	____.____.________ Datum	____.____.________ Datum
________ Unterschrift	________ Unterschrift	________ Unterschrift	________ Unterschrift

____.____.________ Datum	____.____.________ Datum	____.____.________ Datum	____.____.________ Datum
________ Unterschrift	________ Unterschrift	________ Unterschrift	________ Unterschrift

____.____.________ Datum	____.____.________ Datum	____.____.________ Datum	____.____.________ Datum
________ Unterschrift	________ Unterschrift	________ Unterschrift	________ Unterschrift

Dokumentationsvorlage Gefährdungsbeurteilung

Firma/Einrichtung und Stempel

Betriebsbereich: ______________________________

Arbeitsplatz: ______________________________ Tätigkeit/Aufgabe: ______________________________

Erstellt durch: ______________________________

Ort und Datum der Prüfung: ______________________________, den ______________________________
(Ort) (Datum)

Abschnitt A: Gefährdungen und deren Bewertung

Stufe 1: Geringe Gefährdung, keine weiteren Maßnahmen erforderlich

Stufe 2: Gefährdung vorhanden, Abhilfe durch einfache technische und/oder organisatorische Schutzmaßnahmen erforderlich

Stufe 3: Hohe Gefährdung, zusätzliche technische und organisatorische Schutzmaßnahmen erforderlich

Stufe 4: Trotz der Maßnahmen nach Stufe 2 und 3 verbleibt eine Gefährdung, der nur mit persönlicher Schutzausrüstung begegnet werden kann

Stufe 5: Allgemeine Bewertung nicht ausreichend, Detailbewertung muss erfolgen

Hinweis: Schutzmaßnahmen zu allen benannten Gefährdungen in Abschnitt B: Schutzmaßnahmen

1. Mechanische Gefährdungen

Nr.	Gefährdung durch	Gefahrenbewertung				
		Stufe 1	Stufe 2	Stufe 3	Stufe 4	Stufe 5
		☐	☐	☐	☐	☐
		☐	☐	☐	☐	☐
		☐	☐	☐	☐	☐
		☐	☐	☐	☐	☐
		☐	☐	☐	☐	☐
		☐	☐	☐	☐	☐
		☐	☐	☐	☐	☐
		☐	☐	☐	☐	☐
		☐	☐	☐	☐	☐
		☐	☐	☐	☐	☐
		☐	☐	☐	☐	☐
		☐	☐	☐	☐	☐
		☐	☐	☐	☐	☐
		☐	☐	☐	☐	☐
		☐	☐	☐	☐	☐

2. Elektrische Gefährdungen

Nr.	Gefährdung durch	Gefahrenbewertung				
		Stufe 1	Stufe 2	Stufe 3	Stufe 4	Stufe 5
		☐	☐	☐	☐	☐
		☐	☐	☐	☐	☐
		☐	☐	☐	☐	☐
		☐	☐	☐	☐	☐
		☐	☐	☐	☐	☐
		☐	☐	☐	☐	☐
		☐	☐	☐	☐	☐
		☐	☐	☐	☐	☐
		☐	☐	☐	☐	☐
		☐	☐	☐	☐	☐

3. Stoffliche Gefährdungen

Nr.	Gefährdung durch	Gefahrenbewertung				
		Stufe 1	Stufe 2	Stufe 3	Stufe 4	Stufe 5
		☐	☐	☐	☐	☐
		☐	☐	☐	☐	☐
		☐	☐	☐	☐	☐
		☐	☐	☐	☐	☐
		☐	☐	☐	☐	☐
		☐	☐	☐	☐	☐
		☐	☐	☐	☐	☐
		☐	☐	☐	☐	☐
		☐	☐	☐	☐	☐
		☐	☐	☐	☐	☐

4. Biologische Gefährdungen

Nr.	Gefährdung durch	Gefahrenbewertung				
		Stufe 1	Stufe 2	Stufe 3	Stufe 4	Stufe 5
		☐	☐	☐	☐	☐
		☐	☐	☐	☐	☐
		☐	☐	☐	☐	☐
		☐	☐	☐	☐	☐
		☐	☐	☐	☐	☐
		☐	☐	☐	☐	☐
		☐	☐	☐	☐	☐
		☐	☐	☐	☐	☐
		☐	☐	☐	☐	☐
		☐	☐	☐	☐	☐

5. Brand- und Explosionsgefährdungen

Nr.	Gefährdung durch	Gefahrenbewertung				
		Stufe 1	Stufe 2	Stufe 3	Stufe 4	Stufe 5
		☐	☐	☐	☐	☐
		☐	☐	☐	☐	☐
		☐	☐	☐	☐	☐
		☐	☐	☐	☐	☐
		☐	☐	☐	☐	☐
		☐	☐	☐	☐	☐
		☐	☐	☐	☐	☐
		☐	☐	☐	☐	☐
		☐	☐	☐	☐	☐
		☐	☐	☐	☐	☐

6. Thermische Gefährdungen

Nr.	Gefährdung durch	Gefahrenbewertung				
		Stufe 1	Stufe 2	Stufe 3	Stufe 4	Stufe 5
		☐	☐	☐	☐	☐
		☐	☐	☐	☐	☐
		☐	☐	☐	☐	☐
		☐	☐	☐	☐	☐
		☐	☐	☐	☐	☐
		☐	☐	☐	☐	☐
		☐	☐	☐	☐	☐
		☐	☐	☐	☐	☐
		☐	☐	☐	☐	☐
		☐	☐	☐	☐	☐

7. Physikalische Gefährdungen

Nr.	Gefährdung durch	Gefahrenbewertung				
		Stufe 1	Stufe 2	Stufe 3	Stufe 4	Stufe 5
		☐	☐	☐	☐	☐
		☐	☐	☐	☐	☐
		☐	☐	☐	☐	☐
		☐	☐	☐	☐	☐
		☐	☐	☐	☐	☐
		☐	☐	☐	☐	☐
		☐	☐	☐	☐	☐
		☐	☐	☐	☐	☐
		☐	☐	☐	☐	☐
		☐	☐	☐	☐	☐

8. Gefährdungen durch die Arbeitsumgebung

Nr.	Gefährdung durch	Gefahrenbewertung				
		Stufe 1	Stufe 2	Stufe 3	Stufe 4	Stufe 5
		☐	☐	☐	☐	☐
		☐	☐	☐	☐	☐
		☐	☐	☐	☐	☐
		☐	☐	☐	☐	☐
		☐	☐	☐	☐	☐
		☐	☐	☐	☐	☐
		☐	☐	☐	☐	☐
		☐	☐	☐	☐	☐
		☐	☐	☐	☐	☐
		☐	☐	☐	☐	☐

9. Physische Gefährdungen

Nr.	Gefährdung durch	Gefahrenbewertung				
		Stufe 1	Stufe 2	Stufe 3	Stufe 4	Stufe 5
		☐	☐	☐	☐	☐
		☐	☐	☐	☐	☐
		☐	☐	☐	☐	☐
		☐	☐	☐	☐	☐
		☐	☐	☐	☐	☐
		☐	☐	☐	☐	☐
		☐	☐	☐	☐	☐
		☐	☐	☐	☐	☐
		☐	☐	☐	☐	☐
		☐	☐	☐	☐	☐

10. Psychische Gefährdungen

Nr.	Gefährdung durch	Gefahrenbewertung				
		Stufe 1	Stufe 2	Stufe 3	Stufe 4	Stufe 5
		☐	☐	☐	☐	☐
		☐	☐	☐	☐	☐
		☐	☐	☐	☐	☐
		☐	☐	☐	☐	☐
		☐	☐	☐	☐	☐
		☐	☐	☐	☐	☐
		☐	☐	☐	☐	☐
		☐	☐	☐	☐	☐
		☐	☐	☐	☐	☐
		☐	☐	☐	☐	☐

11. Sonstige Gefährdungen

Nr.	Gefährdung durch	Gefahrenbewertung				
		Stufe 1	Stufe 2	Stufe 3	Stufe 4	Stufe 5
		☐	☐	☐	☐	☐
		☐	☐	☐	☐	☐
		☐	☐	☐	☐	☐
		☐	☐	☐	☐	☐
		☐	☐	☐	☐	☐
		☐	☐	☐	☐	☐
		☐	☐	☐	☐	☐
		☐	☐	☐	☐	☐
		☐	☐	☐	☐	☐
		☐	☐	☐	☐	☐
		☐	☐	☐	☐	☐
		☐	☐	☐	☐	☐

Abschnitt B: Schutzmaßnahmen

zu Nr.	Schutzmaßnahmen	durchzuführen bis	durchzuführen von

Fortlaufende Überprüfung/Kontrolle in Abschnitt C

zu Nr.	Überprüfung	durchgeführt am	Maßnahme wirksam?	nächste Prüfung

Abschnitt D: Zusätzliche Anmerkungen

____

____

____

____

____

____

____

Datum, Unterschrift des Prüfers: ______________________________

Gefährdungsbeurteilung Arbeitsschutzorganisation

Firma/Einrichtung und Stempel

Firma/Einrichtung: ______________________________

Name des Prüfers: ______________________________

Ort und Datum der Prüfung: ______________________________, den ______________
(Ort) (Datum)

Nr.	Prüffragen	geprüft		Maßnahmen bis wann
		Ja	Nein	
1. Erfüllung der Arbeitsschutzpflichten				
1.1	Wurde festgelegt, wer für welche Aufgaben des Arbeitsschutzes innerhalb des Betriebs verantwortlich ist?	☐	☐	
1.2	Wurde deutlich gemacht, dass jeder Vorgesetzte in seinem Zuständigkeitsbereich auch für den Arbeitsschutz verantwortlich ist (Aufgaben können zwar delegiert werden, Verantwortung und Kontrollpflicht verbleiben aber)?	☐	☐	
1.3	Wurden Pflichten schriftlich übertragen (Angabe von Aufgaben, Befugnissen, Name, Unterschrift)?	☐	☐	
1.4	Wurden die Beschäftigten über ihre Pflichten im Arbeitsschutz informiert?			
	• Vorschriften und innerbetriebliche Anweisungen einhalten	☐	☐	
	• Maschinen, Geräte und sonstige Arbeitsmittel bestimmungsgemäß verwenden	☐	☐	
	• Persönliche Schutzausrüstungen benutzen	☐	☐	
	• Unternehmer, Vorgesetzte und deren Beauftragte in Bezug auf Arbeitsschutz unterstützen	☐	☐	
	• Bei unmittelbar drohender Gefahr im Rahmen der eigenen Möglichkeiten tätig werden und unverzüglich den Vorgesetzten informieren	☐	☐	
	• Gefährdungen und Mängel am Arbeitsplatz, die der Mitarbeiter nicht selber beseitigen kann, umgehend melden	☐	☐	
1.5	Ist sichergestellt, dass der Betriebsrat seine Informations- und Mitbestimmungsrechte im Arbeitsschutz wahrnehmen kann?	☐	☐	
1.6	Wurde die Zusammenarbeit im Arbeitsschutz organisiert (z. B. durch einen Arbeitsschutzausschuss)?	☐	☐	
1.7	Wurde ein Konzept zur ständigen Verbesserung umgesetzt?	☐	☐	

Nr.	Prüffragen	geprüft		Maßnahmen bis wann
		Ja	Nein	
2. Fachkraft für Arbeitssicherheit, Betriebsarzt und ggf. weitere Beauftragte				
2.1	Wurden eine Fachkraft für Arbeitssicherheit und ein Betriebsarzt schriftlich bestellt oder externe Dienste vertraglich verpflichtet? (Bei kleinen Betrieben: Abstimmung mit dem Unfallversicherungsträger bzgl. alternativer Betreuungsmodelle.)	☐	☐	
2.2	Wurde ein Sicherheitsbeauftragter schriftlich bestellt (bei mehr als 20 Beschäftigten; aber auch bei weniger Beschäftigten sinnvoll)?	☐	☐	
2.3	Wurde ein Arbeitsschutzausschuss gebildet (bei mehr als 20 Beschäftigten; aber auch bei weniger Beschäftigten sinnvoll)?	☐	☐	
2.4	Wird der Arbeitsschutzausschuss mindestens viermal pro Jahr einberufen?	☐	☐	
2.5	Wurde geprüft, ob weitere Beauftragte benannt werden müssen (z. B. Strahlen- oder Laserschutzbeauftragter)?	☐	☐	
2.6	Wurden die Zuständigkeit und die Verantwortung schriftlich festgelegt und abgegrenzt?	☐	☐	
2.7	Wurde die Qualifizierung der Beauftragten geprüft?	☐	☐	
2.8	Wird regelmäßig geprüft, ob die Beauftragten ihren Verpflichtungen nachkommen und ihre Aufgaben ordnungsgemäß erfüllen?	☐	☐	
2.9	Findet ein regelmäßiger Austausch des Arbeitsschutzpersonals statt?	☐	☐	
2.10	Findet ein regelmäßiger Austausch zwischen Arbeitsschutzpersonal und externen Stellen (z. B. Berufsgenossenschaften, Arbeitsschutzbehörden, Krankenkassen) statt?	☐	☐	
3. Gefährdungsbeurteilung				
3.1	Wird die Gefährdungsbeurteilung von einer fachkundigen Person durchgeführt?	☐	☐	
3.2	Wurde die Vorgehensweise bei der Gefährdungsbeurteilung geplant (z. B. Aufstellung eines Zeitplans)?	☐	☐	
3.3	Wird die Gefährdungsbeurteilung			
	• bei neuen Arbeitsplätzen,	☐	☐	
	• beim Einsatz neuer Maschinen, Geräte, Einrichtungen, Stoffe oder Arbeitsverfahren,	☐	☐	
	• bei wesentlichen Änderungen von Arbeits- und Verkehrsbereichen, Tätigkeitsabläufen und Arbeitsorganisation,	☐	☐	
	• bei Unfällen, Beinahe-Unfällen und Berufskrankheiten,	☐	☐	
	• bei Erkrankungen, bei denen eine betrieblich bedingte Ursache vermutet werden kann,	☐	☐	
	durchgeführt?			

Nr.	Prüffragen	geprüft		Maßnahmen bis wann
		Ja	Nein	
3.4	Wurden bei der Durchführung			
	• die Beschäftigten,	☐	☐	
	• die Fachkraft für Arbeitssicherheit,	☐	☐	
	• der Sicherheitsbeauftragte,	☐	☐	
	• der Betriebsarzt,	☐	☐	
	miteinbezogen?			
3.5	Wurden auch Sonderfälle wie Störungsbeseitigung und Instandhaltung berücksichtigt?	☐	☐	
4. Mitarbeiter				
4.1	Wurden die Unternehmensziele im Arbeits- und Gesundheitsschutz festgelegt und kommuniziert?	☐	☐	
4.2	Wurde bestimmt, welche fachliche Qualifikation und welche Fähigkeiten die Beschäftigten für bestimmte Arbeitsaufgaben benötigen?	☐	☐	
4.3	Wurden die Beschäftigten für die Arbeitsaufgaben geschult?	☐	☐	
4.4	Wurden Beschäftigungsbeschränkungen und -verbote beachtet?	☐	☐	
4.5	Werden die Beschäftigungsbeschränkungen für werdende Mütter und Jugendliche beachtet?	☐	☐	
5. Arbeitsmedizinische Vorsorgemaßnahmen				
5.1	Wurden die Tätigkeiten ermittelt, die eine arbeitsmedizinische Vorsorge erfordern?	☐	☐	
5.2	Wurde eine Kartei der Beschäftigten angelegt, bei denen arbeitsmedizinische Vorsorge vorgeschrieben ist?	☐	☐	
5.3	Wurde ein Facharzt für Arbeitsmedizin (oder ein Arzt mit der Zusatzbezeichnung „Betriebsmedizin“) zur Durchführung der arbeitsmedizinischen Vorsorge beauftragt?	☐	☐	
5.4	Wurde die Einhaltung der Untersuchungsfristen sichergestellt?	☐	☐	
6. Unterweisung				
6.1	Wird vor Aufnahme der Tätigkeit eine Erstunterweisung durchgeführt (auch bei Leiharbeitnehmern)?	☐	☐	
6.2	Werden die Beschäftigten über ihre Rechte im Arbeitsschutz unterwiesen?			
	• Maßnahmen und Verbesserungen zum Arbeitsschutz vorschlagen	☐	☐	
	• Beratung durch Fachkraft für Arbeitssicherheit und Betriebsarzt in Anspruch nehmen	☐	☐	
	• sich in Abhängigkeit von der Gefährdung arbeitsmedizinisch untersuchen lassen	☐	☐	
	• sich bei unmittelbarer und erheblicher Gefahr durch sofortiges Verlassen des Arbeitsplatzes in Sicherheit bringen	☐	☐	
	• Weisungen, die dem Arbeitsschutz offensichtlich widersprechen, nicht befolgen	☐	☐	
	• sich an den zuständigen Unfallversicherungsträger oder die Arbeitsschutzbehörden wenden, wenn der Arbeitsschutz nicht gewährleistet ist	☐	☐	

FORUM

Nr.	Prüffragen	geprüft		Maßnahmen bis wann
		Ja	Nein	
6.3	Werden Unterweisungen zu besonderen Anlässen durchgeführt, z. B. bei			
	• geänderten Arbeitsaufgaben,	☐	☐	
	• Einsatz neuer Maschinen,	☐	☐	
	• erstmaliger Verwendung von Gefahrstoffen,	☐	☐	
	• neuen oder geänderten Arbeitsverfahren oder -abläufen,	☐	☐	
	• sicherheitswidrigem Verhalten oder	☐	☐	
	• Unfällen, Beinahe-Unfällen und Störungen?	☐	☐	
6.4	Wird die Unterweisung regelmäßig tätigkeitsbezogen durchgeführt (mind. einmal pro Jahr)?	☐	☐	
6.5	Wird die Unterweisung dokumentiert?	☐	☐	
7. Weiterbildung				
7.1	Wird regelmäßig Ausbildungsbedarf ermittelt?	☐	☐	
7.2	Werden dabei die Fähigkeiten und Eignungen der Beschäftigten berücksichtigt?	☐	☐	
7.3	Werden Ersthelfer, Sicherheitsbeauftragte etc. regelmäßig weitergebildet?	☐	☐	
7.4	Wird das Weiterbildungsangebot des Unfallversicherungsträgers, von Verbänden oder privaten Anbietern genutzt?	☐	☐	
8. Vorsorge für den Notfall				
8.1	Wurde ein Alarmplan mit den folgenden Informationen erstellt:			
	• Anweisung für Verhalten in Notfällen?	☐	☐	
	• Notruf- und andere wichtige Telefonnummern?	☐	☐	
8.2	Werden Fluchtwege und Notausgänge			
	• festgelegt und deutlich gekennzeichnet?	☐	☐	
	• immer freigehalten/nicht verschlossen?	☐	☐	
	• regelmäßig kontrolliert?	☐	☐	
8.3	Werden Hilfsmittel für die Erste Hilfe (z. B. Verbandskasten) an leicht zugänglichen und allen Beschäftigten bekannten Orten bereitgehalten?	☐	☐	
8.4	Werden Hilfsmittel für die Brandbekämpfung (z. B. Feuerlöscher) an leicht zugänglichen und allen Beschäftigten bekannten Orten bereitgehalten?	☐	☐	
8.5	Wurden die Aufbewahrungsorte entsprechend gekennzeichnet?	☐	☐	
8.6	Wurden Ersthelfer in ausreichender Zahl benannt und entsprechend aus- bzw. weitergebildet?	☐	☐	
8.7	Wurde der Notfallplan bekannt gegeben?	☐	☐	
8.8	Wurden praktische Übungen (z. B. Räumungs- und Löschübungen) durchgeführt?	☐	☐	

Nr.	Prüffragen	geprüft		Maßnahmen bis wann
		Ja	Nein	
9. Wichtige Unterlagen				
9.1	Wurden folgende Unterlagen erstellt und werden diese sorgfältig aufbewahrt?			
	• behördliche Genehmigungen und Erlaubnisse	☐	☐	
	• Nachweis der sicherheitstechnischen und betriebsärztlichen Betreuung	☐	☐	
	• Ergebnisse vom Unternehmer zu veranlassender arbeitsmedizinischer Vorsorge	☐	☐	
	• Ergebnisse der Gefährdungsbeurteilung	☐	☐	
	• Betriebsanweisungen	☐	☐	
	• Gefahrstoffverzeichnis	☐	☐	
	• Sicherheitsdatenblätter	☐	☐	
	• Nachweis über Unterweisungen	☐	☐	
	• Wartungs- und Prüfprotokolle	☐	☐	
	• Unfallanzeigen	☐	☐	
10. Prüfung von Arbeitsmitteln und Einrichtungen				
10.1	Wurde eine Liste der zu prüfenden Arbeitsmittel und Einrichtungen angelegt (z. B. elektrische Arbeitsmittel, Feuerlöscher)?	☐	☐	
10.2	Wurden die zur Prüfung befähigte Person, die Art der Prüfung und die Prüffristen festgelegt?	☐	☐	
10.3	Wurden durchgeführte Prüfungen dokumentiert (z. B. Prüfbücher und -plaketten)?	☐	☐	
11. Probleme erkennen und auswerten				
11.1	Werden regelmäßig Sicherheitsbegehungen durchgeführt?	☐	☐	
11.2	Wird auf sicherheitsgerechtes Verhalten der Beschäftigten geachtet?	☐	☐	
11.3	Wird auf die Einhaltung und Wirksamkeit der festgelegten Maßnahmen geachtet?	☐	☐	
11.4	Werden Beschäftigte ermutigt, aufgetretene Störungen, Mängel im Arbeitsschutz, vermutete Gefährdungen ihrer Gesundheit oder Beinahe-Unfälle sowie unsichere Situationen sofort zu melden und Fehler als Chance für Verbesserungen zu verstehen?	☐	☐	
11.5	Ist sichergestellt, dass Vorgesetzte und Verantwortliche Kenntnis von Problemen und Mängeln im Arbeitsschutz erhalten?	☐	☐	

Datum, Unterschrift des Prüfers: ______________________________

Gefährdungsbeurteilung Gefahrstoffe

Firma/Einrichtung und Stempel

Firma/Einrichtung: ______________________________

Name des Prüfers: ______________________________

Ort und Datum der Prüfung: ______________________ (Ort), den ______________ (Datum)

1. Gefährdungen am Arbeitsplatz	Ja	Nein	Handlungsbedarf (Verantwortlicher, Zeitbedarf)
Sind gefährliche Eigenschaften der Stoffe oder Gemische bekannt?	☐	☐	
Wenn ja, welche?			
Werden Tätigkeiten ausgeführt, bei denen Gefahrstoffe entstehen oder freigesetzt werden?	☐	☐	
Wenn ja, welche?			

2. Ergebnis der Prüfung auf Möglichkeiten der Substitution	Ja	Nein	Handlungsbedarf (Verantwortlicher, Zeitbedarf)
Wurde die Möglichkeit einer Substitution geprüft? (Ersatzstoffsuche)	☐	☐	
Wenn ja, mit welchem Ergebnis?			

3. Begründung des Verzichts auf eine technisch mögliche Substitution des Verfahrens	Ja	Nein	Handlungsbedarf (Verantwortlicher, Zeitbedarf)
Wurde auf eine technisch mögliche Substitution verzichtet?	☐	☐	
Wenn ja, aus welchem Grund?			
Wenn ja, welche Maßnahmen nach §§ 8, 9, 10 und 11 GefStoffV wurden getroffen?			

4. Schutzmaßnahmen beim Umgang mit einer Substanz oder einem Stoff/Gemisch	Ja	Nein	Handlungsbedarf (Verantwortlicher, Zeitbedarf)
Wurde auf eine technisch mögliche Substitution verzichtet?	☐	☐	
Wenn ja, aus welchem Grund?			
Wenn ja, welche Maßnahmen nach §§ 8, 9, 10 und 11 GefStoffV wurden getroffen?			

FORUM

5. Begründung für die Abweichung von den Technischen Regeln für Gefahrstoffe gem. § 20 GefStoffV	Ja	Nein	Handlungsbedarf (Verantwortlicher, Zeitbedarf)
Wurde von Technischen Regeln für Gefahrstoffe abgewichen?	☐	☐	
Wenn ja, von welchen?	Begründung:		

6. Ermittlungsergebnisse als Beleg für die Einhaltung der Arbeitsplatzgrenzwerte (AGW) oder für die Wirksamkeit der Schutzmaßnahmen	Ja	Nein	Handlungsbedarf (Verantwortlicher, Zeitbedarf)
Wird die Wirksamkeit der getroffenen Schutzmaßnahmen kontrolliert?	☐	☐	
Liegen Ermittlungsergebnisse vor?	☐	☐	
Werden die AGW eingehalten? (Ermittlungsergebnis als Beleg)	☐	☐	
Sind die Schutzmaßnahmen wirkungsvoll? (Ermittlungsergebnis als Beleg)	☐	☐	
Werden die Funktion und die Wirksamkeit der technischen Schutzmaßnahmen regelmäßig kontrolliert und dokumentiert?	☐	☐	

7. Weitere Grundpflichten	Ja	Nein	Handlungsbedarf (Verantwortlicher, Zeitbedarf)
Liegen aktuelle Sicherheitsdatenblätter vor?	☐	☐	
Sind die Sicherheitsdatenblätter für die Mitarbeiter zugänglich?	☐	☐	
Wurde ein Gefahrstoffverzeichnis erstellt?	☐	☐	
Wird die Ziel- und Maßnahmenhierarchie des Arbeitsschutzes eingehalten?	☐	☐	
Wird PSA bei Erfordernis getragen und jederzeit einsatzbereit gehalten?	☐	☐	
Werden die Technischen Regeln für Gefahrstoffe beachtet?	☐	☐	

8. Allgemeine Fragen	Ja	Nein	Handlungsbedarf (Verantwortlicher, Zeitbedarf)
Sind Ausmaß, Art und Dauer der Exposition unter Berücksichtigung aller Expositionswege bekannt?	☐	☐	
Werden die mit der Tätigkeit verbundenen inhalativen, dermalen und physikalisch-chemischen Gefährdungen unabhängig voneinander beurteilt?	☐	☐	
Gibt es Wechsel- oder Kombinationswirkungen der Gefahrstoffe mit Einfluss auf die Gesundheit und Sicherheit der Beschäftigten?	☐	☐	
Sind Arbeitsplatzgrenzwerte (AGW) und biologische Grenzwerte (BGW) bekannt und werden sie eingehalten?	☐	☐	
Sind die physikalisch-chemischen Wirkungen bekannt? (Brand- und Explosionsgefahr)	☐	☐	
Werden gefährliche Mengen oder Konzentrationen von Gefahrstoffen vermieden?	☐	☐	
Werden Zündquellen vermieden?	☐	☐	
Liegen entsprechende Betriebsanweisungen vor?	☐	☐	
Sind andere Vorschriften und Regeln bekannt und werden diese eingehalten?	☐	☐	
Wurden Maßnahmen für Gefahrstoffe getroffen, die nicht gekennzeichnet werden müssen?	☐	☐	
Sind entsprechende Notfallmaßnahmen für Betriebsstörungen, Unfälle und Notfälle festgelegt worden?	☐	☐	
Entsprechen die Arbeitsbedingungen und Verfahren, einschließlich der Arbeitsmittel, den gesetzlichen Vorschriften?	☐	☐	
Entsprechen die Aufbewahrung und Lagerung den gesetzlichen Vorschriften?	☐	☐	
Wurde die arbeitsmedizinische Vorsorge durchgeführt?	☐	☐	

Werden Beschäftigungsbeschränkungen eingehalten?	☐	☐	
Gibt es Anzeigepflichten?	☐	☐	
Wenn ja, wurden die Anzeigepflichten eingehalten?	☐	☐	
Werden die Mitarbeiter regelmäßig unterwiesen?	☐	☐	
9. Weitere betriebsspezifische Fragen	**Ja**	**Nein**	**Handlungsbedarf (Verantwortlicher, Zeitbedarf)**
	☐	☐	
	☐	☐	
	☐	☐	
	☐	☐	

Schutzmaßnahmen					
Technische Schutzmaßnahmen	**SOLL**		**IST**		**Verantwortlich für Überwachung**
	Ja	**Nein**	**Ja**	**Nein**	
Lüftungsanlage/Absauganlage	☐	☐	☐	☐	
Einrichtung von Schwarzbereichen	☐	☐	☐	☐	
Abschirmung gefährlicher Zonen	☐	☐	☐	☐	
Sonstiges:	☐	☐	☐	☐	
Organisatorische Schutzmaßnahmen	**SOLL**		**IST**		**Verantwortlich für Überwachung**
	Ja	**Nein**	**Ja**	**Nein**	
Regelmäßiges Prüfen von elektrischen Anlagen und Betriebsmitteln	☐	☐	☐	☐	
Regelmäßiges Prüfen sonstiger Werkzeuge, Anlagen und Einrichtungen	☐	☐	☐	☐	
Unterweisung jährlich/halbjährlich/vierteljährlich	☐	☐	☐	☐	
Arbeitsmedizinische Vorsorge	☐	☐	☐	☐	
Messung auf Einhaltung der Arbeitsplatzgrenzwerte	☐	☐	☐	☐	
Arbeitszeitbeschränkung/Beschäftigungsbeschränkung	☐	☐	☐	☐	
Gefahrstoffkataster/Sicherheitsdatenblätter	☐	☐	☐	☐	
Substitution von Gefahrstoffen, Betriebsmitteln	☐	☐	☐	☐	
Kennzeichnung der Arbeitsbereiche mit Verbotszeichen, Warnzeichen, Gebotszeichen	☐	☐	☐	☐	
Sind besondere Qualifikationen für diese Tätigkeit(en) nötig?	☐	☐	☐	☐	
Sonstiges:	☐	☐	☐	☐	
Personenbezogene Schutzmaßnahmen	**SOLL**		**IST**		**Verantwortlich für Überwachung**
	Ja	**Nein**	**Ja**	**Nein**	
Tragen von Sicherheitsschuhen	☐	☐	☐	☐	
Tragen eines Industrieschutzhelms	☐	☐	☐	☐	
Tragen von Gehörschutz über 85 dB	☐	☐	☐	☐	
Tragen von Schutzhandschuhen	☐	☐	☐	☐	
Tragen von Schutzbrille, -schild, -schirm, -haube	☐	☐	☐	☐	
Verwendung von Hautschutzmitteln	☐	☐	☐	☐	
Tragen von Atemschutzgeräten	☐	☐	☐	☐	
Sonstiges:	☐	☐	☐	☐	

Notwendige Unterweisungen	Unterweisungsgrundlagen	Verantwortlich für Überwachung
Unfallverhütungsvorschriften; Merkblätter		
Gesetze/Verordnungen		
Betriebsanweisungen		
Fachthemen/DIN		
Betriebliche Regelungen		

Handlungsbedarf besteht bezüglich:	Ja	Nein	Anmerkungen	Verantwortlich für Überwachung
Schutzmaßnahmen technisch	☐	☐		
organisatorisch	☐	☐		
personenbezogen	☐	☐		
Gestaltung des Arbeitsplatzes	☐	☐		
Gestaltung des Arbeitsverfahrens	☐	☐		
Unterweisungen	☐	☐		
Betriebsanweisungen	☐	☐		
Sicherheitsdatenblätter	☐	☐		
Arbeitsmedizinische Vorsorge	☐	☐		

Datum, Unterschrift des Prüfers: ______________________________

Gefährdungsbeurteilung Mutterschutz

nach § 10 MuSchG in Verbindung mit § 5 ArbSchG

Firma/Einrichtung und Stempel

1	**Anlassunabhängige Gefährdungsbeurteilung (§ 10 Abs. 1 MuSchG)**	
2	**Gefährdungsbeurteilung nach Mitteilung einer Schwangerschaft (§ 10 MuSchG)**	

Abteilung: ______________________________

Standort: ______________________________

Kurzbeschreibung der Tätigkeit/en: ______________________________

Gefährdungsbeurteilung durchgeführt (Personen): ______________________________

Name des Prüfers: ______________________________

Ort und Datum der Prüfung: ______________________ (Ort), den ______________ (Datum)

Nr.	Prüffragen	geprüft Ja	Nein	Nicht relevant	Maßnahmen bis wann
Teil 1: Allgemeine Gefährdungen					
Arbeitszeiten *§§ 4,5,6 MuSchG*					
1.1	**Frauen über 18 Jahre** Müssen täglich über 8,5 Stunden oder 90 Stunden in der Doppelwoche gearbeitet werden? *(§ 4 Abs. 1 MuSchG)*	☐	☐	☐	
1.2	**Frauen unter 18 Jahre** Müssen täglich über 8 Stunden oder 80 Stunden in der Doppelwoche gearbeitet werden? *(§ 4 Abs. 1 MuSchG)*	☐	☐	☐	
1.3	Wird nach Beendigung der täglichen Arbeitszeit eine ununterbrochene Ruhezeit von mindestens elf Stunden gewährt? *(§ 4 Abs. 2 MuSchG)*	☐	☐	☐	
1.4	Erfolgt eine Beschäftigung zwischen 20 und 6 Uhr? *(§ 5 Abs. 1 MuSchG)* Eine Beschäftigung bis 22 Uhr ist erlaubt, wenn eine behördliche Genehmigung nach § 28 MuSchG vorliegt.	☐	☐	☐	
1.5	Erfolgt eine Beschäftigung an Sonn- und Feiertagen? *(§ 6 Abs. 1 MuSchG)* Die Beschäftigung an Sonn- und Feiertagen ist erlaubt, wenn sich die Frau ausdrücklich dazu bereit erklärt, eine Ausnahme nach § 10 Arbeitszeitgesetz zugelassen ist, der Frau in jeder Woche im Anschluss an eine ununterbrochene Nachtruhezeit von mind. elf Stunden ein Ersatzruhetag gewährt wird und eine unverantwortbare Gefährdung durch Alleinarbeit ausgeschlossen ist.	☐	☐	☐	
1.6	Kann die schwangere Frau individuelle Pausen/ Arbeitsunterbrechungen wahrnehmen und sich unter geeigneten Bedingungen hinlegen, hinsetzen und ausruhen? *(§ 9 Abs. 3, MuSchG)*	☐	☐	☐	

FORUM

Nr.	Prüffragen	geprüft			Maßnahmen bis wann
		Ja	Nein	Nicht relevant	
Körperliche Belastungen oder mechanische Einwirkungen *§ 11 Abs. 5 MuSchG*					
1.7	**Regelmäßiges*** Heben, Halten, Bewegen oder Befördern von Lasten von mehr als 5 kg ohne Hilfsmittel von Hand? *(§ 11 Abs. 5, 1 MuSchG)* *(mehr als zwei bis dreimal pro Stunde)	☐	☐	☐	
1.8	**Gelegentliches*** Heben, Halten, Bewegen oder Befördern von Lasten von mehr als 10 kg ohne Hilfsmittel von Hand? *(§ 11 Abs. 5, 1 MuSchG)* *(weniger als zwei bis dreimal pro Stunde)	☐	☐	☐	
1.9	Werden oben genannte Grenzen für die körperliche Beanspruchung auch überschritten, wenn mechanische Hilfsmittel verwendet werden? *(§ 11 Abs. 5, 2 MuSchG)*	☐	☐	☐	
1.10	Werden Tätigkeiten überwiegend bewegungsarm, ständig im Stehen und täglich mehr als vier Stunden ausgeübt? *(§ 11 Abs. 5, 3 MuSchG)* Keine Tätigkeit von mehr als 4 Stunden nach Ablauf des 5. Schwangerschaftsmonats!	☐	☐	☐	
1.11	Findet ein häufiges erhebliches Strecken oder Beugen, mit dauerndem Hocken, sich gebückt halten oder sonstige Zwangshaltungen statt? *(§ 11 Abs. 5, 4 MuSchG)*	☐	☐	☐	
1.12	Besteht eine Unfallgefahr, insbesondere durch Ausgleiten, Fallen oder Stürzen, oder hohes Verletzungsrisiko durch andere Personen (Tätlichkeiten), Tiere oder Gegenstände? *(§ 11 Abs. 5, 6 MuSchG)*	☐	☐	☐	
1.13	Findet ein Einsatz auf Beförderungsmitteln (z. B. auf Gabelstaplern) statt? *(§ 11 Abs. 5, 5 MuSchG)* Nach Ablauf des dritten Schwangerschaftsmonats verboten!	☐	☐	☐	
1.14	Stellt das notwendige Tragen von persönlicher Schutzausrüstung (z. B. Atemschutz), eine Belastung dar? *(§ 11 Abs. 5, 7 MuSchG)*	☐	☐	☐	
1.15	Besteht ein Risiko der Erhöhung des Drucks im Bauchraum, insbesondere bei Tätigkeiten mit besonderer Fußbeanspruchung (z. B. Maschinen, Geräte mit Fußantrieb)? *(§ 11 Abs. 5, 8 MuSchG)*	☐	☐	☐	
1.16	Findet Akkordarbeit, Fließarbeit oder getaktete Arbeit mit vorgeschriebenem Arbeitstempo Anwendung? *(§§ 11 Abs. 6 und 12 Abs. 5 MuSchG)* Solche Arbeiten dürfen nicht ausgeführt werden!	☐	☐	☐	
1.17	Bestehen psychische Belastungen? Wenn ja, welche?	☐	☐	☐	
1.18	Werden Tätigkeiten ausgeübt, bei denen es zum Kontakt mit Gefahr- oder Biostoffen kommt/kommen kann oder bei denen die schwangere/stillende Frau belastender Arbeitsumgebung oder physikalischen Einwirkungen ausgesetzt ist/ausgesetzt sein kann? (z. B. in Arbeitsbereichen der Forschung, Naturwissenschaften, Laboren, in Werkstätten, im Handel, bei Objektbetreuung/Objektpflege oder in sonstigen Bereichen)	☐	☐	☐	
Alleinarbeit					
1.19	Ist sichergestellt, dass sich die schwangere Frau jederzeit Hilfe holen kann (per Handy/Telefon)? Alleinarbeit liegt vor, wenn der Arbeitgeber eine Frau an einem Arbeitsplatz in seinem räumlichen Verantwortungsbereich beschäftigt, ohne dass gewährleistet ist, dass sie jederzeit den Arbeitsplatz verlassen oder Hilfe erreichen kann.	☐	☐	☐	

Nr.	Prüffragen	geprüft			Maßnahmen bis wann
		Ja	Nein	Nicht relevant	
Teil 2: Spezifische Gefährdungen *(NUR zu beurteilen, wenn Frage 1.18 mit JA beantwortet wurde.)*					
Physikalische Einwirkungen *§ 11 Abs. 3 MuSchG*					
2.1	Ionisierende Strahlung *(§§ 11 Abs. 3, 1 und 12 Abs. 3 MuSchG)*	☐	☐	☐	
	a) Finden Arbeiten in Kontrollbereichen nach Strahlenschutzverordnung (StrSchV) oder in Sperrbereichen nach StrSchV statt? *(§ 11 MuSchG Abs. 3 Nr. 1 i. V. m. und §§ 37 Abs. 2, 38 Abs. 3, 41 Abs. 5, 43 Abs. 2, 55 Abs. 4 StrlSchV, Zutritt Strahlenschutzbereiche gem. § 55 Abs. 2 StrlSchV, Unterweisung nach § 63 Abs. 5 StrlSchV, Informieren des Strahlenschutzbeauftragten gem. § 69 StrlSchV)* Generelles Beschäftigungsverbot im Sperrbereich; Tätigkeit im Kontrollbereich nur bei ausdrücklicher Erlaubnis des Verantwortlichen und Sicherstellung der arbeitswöchentlichen Kontrolle und Dokumentation der Organdosis der Gebärmutter und Einhaltung des besonderen Grenzwertes erlaubt.	☐	☐	☐	
	b) Anwendung von ionisierender Strahlung oder Umgang mit radioaktiven Stoffen außerhalb des Kontrollbereiches (z. B. Röntgengeräte, Betreuung/Behandlung von Patienten nach Gabe radioaktiver Substanzen)? *(§ 11 MuSchG Abs. 3 Nr. 1 i. V. m. §§ 37 Abs. 2, 38 Abs. 3, 43 Abs. 2, 55 Abs. 4 StrlSchV)*	☐	☐	☐	
2.2	Besteht gefährliche nicht ionisierende Strahlung (z. B. Kernspintomograf, starke elektromagnetische Felder, Hochspannung)? *(§§ 11 Abs. 3, 1 und 12 Abs. 3 MuSchG)* **Wenn JA, welche?** Aufenthalts- und Beschäftigungsverbot im Magnet- und Untersuchungsraum.	☐	☐	☐	
2.3	Gibt es im Arbeitsbereich Erschütterungen, Vibrationen oder Lärm? (z. B. mechanische Schwingungen zwischen 0,5 und 80 Hertz oder Lärm über 80 dB(A)) *(§ 11 Abs. 3, 2 MuSchG)*	☐	☐	☐	
2.4	Besteht für den Arbeitsbereich Hitze, Kälte und Nässe (z. B. Hitzearbeitsplätze oder ständige Arbeitsplatztemperatur von weniger als 17 °C oder extreme Nassbereiche)? *(§ 11 Abs. 3, 3 MuSchG)*	☐	☐	☐	
Belastende Arbeitsumgebung § 11 Abs. 4 MuschG					
2.5	Kann es im Arbeitsbereich/bei der Tätigkeit zum Überdruck (z. B. in Druckkammern, beim Tauchen) kommen? *(§§ 11 Abs. 4, 1 und § 12 Abs. 4, 1 MuSchG)*	☐	☐	☐	
2.6	Besteht sauerstoffreduzierte Atmosphäre? *(§ 11 Abs. 4, 2 MuSchG)*	☐	☐	☐	
2.7	Finden Tätigkeiten im Bergbau oder unter Tage statt? *(§§ 11 Abs. 4, 3 u. 12 Abs. 4, 1 MuSchG)*	☐	☐	☐	

Nr.	Prüffragen	geprüft			Maßnahmen bis wann
		Ja	Nein	Nicht relevant	
2.8	Bestehen Gefahrstoffe:	☐	☐	☐	
	a) Reproduktionstoxisch (Gefährdung der Fortpflanzung) nach Kategorie 1A, 1B (H360) oder 2 (H361) oder nach Zusatzkategorie für Wirkungen auf oder über die Laktation (H362)? *(§§ 11 Abs. 1, 1a und 12 Abs. 1, 1 MuSchG)* Gilt auch für H360F, H360D, H360FD, H361f, H361d, H360Fd, H360Df und 361fd.	☐	☐	☐	
	b) Keimzellmutagen (erbgutverändernd) nach Kategorie 1A oder 1B (H340)? *(§ 11 Abs. 1, 1b MuSchG)*	☐	☐	☐	
	d) Spezifisch zielorgantoxisch nach einmaliger Exposition nach Kategorie 1 (H370)? *(§ 11 Abs. 1, 1d MuSchG)*	☐	☐	☐	
	e) Akut toxisch nach Kategorie 1, 2 (H300, H310) oder 3 (H311, H331)? *(§ 11 Abs. 1, 1e MuSchG)*	☐	☐	☐	
2.9	Gibt es Blei und Bleiderivate, die vom menschlichen Körper aufgenommen werden können (z. B. Tetraethylblei, Tetramethylblei, bleihaltige Stäube)? *(§§ 11 Abs. 1, 2 und 12 Abs. 1, 1 MuSchG)*	☐	☐	☐	
2.10	Gibt es Gefahrstoffe, die auch bei Einhaltung der arbeitsplatzbezogenen Vorgaben möglicherweise zu einer Fruchtschädigung führen können? *(§ 11 Abs. 1, 3 MuSchG)* (TRGS 900 mit „Z"; MAK-Liste der DFG mit „B" gekennzeichnete Stoffe – z. B. Kohlenmonoxid, Dichlormethan, Halothan)	☐	☐	☐	
2.11	Gibt es krebserzeugende Arzneistoffe nach TRGS 905, Nr. 2.1 (z. B. Zytostatika, arsen- und teerhaltige Salben)? *(§ 10 Abs. 2 MuSchG)*	☐	☐	☐	
Umgang oder Kontakt mit Biostoffen der Risikogruppe 2, 3 oder 4 (§ 3 Abs. 1 **Biostoffverordnung – BioStoffV)** § 11 Abs. *2 MuSchG*					
2.12	Gibt es Biostoffe der Risikogruppe 2, 3 oder 4 *(§ 3 Abs. 1 BioStoffV)? (§§ 11 Abs. 2, 1 und 12 Abs. 2 MuSchG)* Ausreichender Immunschutz	☐	☐	☐	
2.13	Kann es zu Rötelnvirus oder Toxoplasma kommen? *(§ 11 Abs. 2, 2 MuSchG)* Ausreichender Immunschutz	☐	☐	☐	
2.14	Kann es zum ungeschützten Umgang mit Infektionserregern oder potenziell infektiösem Material kommen? (z. B. durch Blut, Körperflüssigkeiten, Abfall, Abwasser, bei Kleinkinderbetreuung, bei Pflege/Behandlung von Mensch oder Tier)	☐	☐	☐	
2.15	Kann es zu einer Infektion durch Verletzung beim Umgang mit stechenden oder schneidenden Werkzeugen kommen? (z. B. beim Benutzen, Reinigen oder Desinfizieren)	☐	☐	☐	

Unterrichtung	
Unterrichtung über das Ergebnis der Gefährdungsbeurteilung, die veranlassten Schutzmaßnahmen und das Angebot eines Gesprächs (§ 14 MuSchG):	
Unterrichtung der schwangeren/stillenden Arbeitnehmerin am	
Unterrichtung der übrigen betroffenen Arbeitnehmerinnen am	
Schriftliche Unterrichtung des Betriebs-/Personalrats oder der Mitarbeitervertretung	

Datum, Unterschrift des Prüfers: ______________________________

Gefährdungsbeurteilung Psychische Belastungen

Mitarbeiterbefragung

Firma/Einrichtung und Stempel

Hinweis:

Für die Gefährdungsbeurteilung der psychischen Belastungen ist es sinnvoll, auch die betroffenen Beschäftigten zu den vorhandenen Belastungen zu befragen.

Mit dieser Vorlage kann ergänzend zum Gefährdungs- und Belastungskatalog eine anonyme Mitarbeiterbefragung durchgeführt und dokumentiert werden, um diese in die Dokumentation der Gefährdungsbeurteilung einfließen zu lassen.

Firma/Einrichtung: ______________________________

Tätigkeit: ______________________________

Nr.	Prüffragen	zutreffend		Kommentar
		Ja	Nein	
1. Arbeitsaufgabe und -inhalte				
1.1	Besteht Ihre Tätigkeit aus möglichst geschlossenen und umfassenden Arbeitsabläufen inkl. vorbereitender, ausführender und nachbereitender Aufgaben?	☐	☐	
1.2	Sind die Zuständigkeiten klar geregelt?	☐	☐	
1.3	Sind Sie entsprechend Ihrer Qualifikation eingesetzt?	☐	☐	
1.4	Ist die Verantwortung für Ihre Tätigkeit angemessen und zumutbar (z. B. entsprechende Qualifikation, vorhandene Handlungsspielräume, Unterstützung)?	☐	☐	
1.5	Sind notwendige Informationen zum richtigen Zeitpunkt vorhanden und verständlich?	☐	☐	
1.6	Werden unnötige Informationen vermieden?	☐	☐	
1.7	Bestehen bei Ihrer Tätigkeit möglichst große inhaltliche und zeitliche Gestaltungsmöglichkeiten (z. B. Abläufe, Arbeitsinhalt, Methoden)?	☐	☐	
1.8	Besteht eine große emotionale Inanspruchnahme durch Ihre Tätigkeit (z. B. belastende Situationen, Widerspruch, Unterstützung)?	☐	☐	
1.9	Ist Ihre Tätigkeit abwechslungsreich, d. h., besteht sie aus geistig und körperlich abwechslungsreichen und die Konzentration anregenden Aufgaben?	☐	☐	
2. Arbeitsorganisation				
2.1	Können die Anforderungen an Ihre Tätigkeit realisiert werden bzw. wird darauf geachtet, dass hier keine Widersprüche entstehen oder unnötige Änderungen vorgenommen werden?	☐	☐	
2.2	Wird auf eine frühzeitige Planung geachtet und darauf, dass bei Abweichungen Informationen rasch weitergegeben werden?	☐	☐	

Nr.	Prüffragen	zutreffend		Kommentar
		Ja	Nein	
2.3	Ist das Arbeitszeitmodell für Ihre Tätigkeit angemessen (evtl. Überstunden, Zeitdruck, Pausen)?	☐	☐	
2.4	Sind der Arbeitsanfall und der zeitliche Ablauf realistisch?	☐	☐	
2.5	Wird darauf geachtet, dass Störungen und Unterbrechungen vermieden werden?	☐	☐	
2.6	Gibt es für Ihre Tätigkeit angemessene und konstruktive Rückmeldungen über die Erledigung der Aufgaben und die Leistung bei der Tätigkeit?	☐	☐	
2.7	Besteht ausreichend Transparenz hinsichtlich der betrieblichen Abläufe, Entscheidungen und Perspektiven?	☐	☐	
2.8	Sind Einzelarbeitsplätze sozial eingebunden?	☐	☐	
3. Soziale Beziehungen				
3.1	Ist das Verhalten Ihres Vorgesetzten wertschätzend, klar, konstruktiv und unterstützend?	☐	☐	
3.2	Ist der Umgang der Mitarbeiter untereinander kollegial (z. B. frühzeitige Thematisierung von Konflikten, keine Ausgrenzung von Personen/Gruppen)?	☐	☐	
3.3	Gelingen Kooperation und Kommunikation im Tätigkeitsbereich (z. B. funktionierender fachlicher Austausch, gegenseitige Unterstützung)?	☐	☐	
3.4	Gibt es die Möglichkeit der Mitsprache der Beschäftigten (z. B. konstruktives Vorschlags-/Beschwerdewesen)?	☐	☐	
3.5	Wird die berufliche Entwicklung der Mitarbeiter gefördert (z. B. Angebote zur Weiterqualifizierung, Fortbildung)?	☐	☐	
3.6	Wird ein angenehmes Betriebsklima gefördert (z. B. Gemeinschaftsaktivitäten, Unterstützung an der Schnittstelle Beruf/Privatleben)?	☐	☐	
3.7	Werden die Bedürfnisse von besonderen Personengruppen berücksichtigt (z. B. Jugendliche, Behinderte, Schwangere)?	☐	☐	
3.8	Sind die Rahmenbedingungen für Ihre Tätigkeit angemessen (z. B. leistungsgerechte Bezahlung, soziale Sicherheit)?	☐	☐	
4. Arbeitsplatz-/Umgebungsbedingungen (nur auf evtl. psychische Belastungen bezogen)				
4.1	Wird auf die Vermeidung subjektiv störender oder vegetativ beeinträchtigender Geräusche geachtet?	☐	☐	
4.2	Wird auf zuträgliche sowie angenehme klimatische Bedingungen im Tätigkeitsbereich geachtet (auch Berücksichtigung des individuellen Empfindens)?	☐	☐	
4.3	Wird auf die passende Beleuchtung im Hinblick auf Aufgabe und persönliche Bedürfnisse geachtet?	☐	☐	
4.4	Werden ergonomische Arbeitsmittel eingesetzt?	☐	☐	
4.5	Sind Arbeitsmittel und Werkzeuge für Ihre Arbeitsaufgabe geeignet?	☐	☐	

Nr.	Prüffragen	zutreffend		Kommentar
		Ja	Nein	
4.6	Beim Umgang mit Gefahrstoffen: Wurde Ihnen ausreichendes Wissen über die Gefährdungen, mögliche Umsetzung erforderlicher Schutzmaßnahmen usw. vermittelt?	☐	☐	
4.7	Werden störende Geruchsbelästigungen vermieden?	☐	☐	
4.8	Bei Infektionsgefährdungen: Wurde Ihnen ausreichendes Wissen und die Möglichkeit zur Umsetzung der erforderlichen Schutzmaßnahmen eröffnet?	☐	☐	
4.9	Wird beim Umgang mit Persönlicher Schutzausrüstung (PSA) auf möglichst geringe Beeinträchtigungen geachtet?	☐	☐	
4.10	Gibt es Unsicherheit bzw. Angst auslösende Bedingungen für Ihre Tätigkeit und werden ggf. erforderliche Schutzmaßnahmen umgesetzt?	☐	☐	

Zusätzliche Anmerkungen:

Gefährdungsbeurteilung Bildschirmarbeitsplatz

Firma/Einrichtung und Stempel

Firma/Einrichtung: ______________________

Gebäude: ______________________

Raum ______________ Arbeitsplatz ______________ Anzahl Beschäftigter ______________

Name des Prüfers: ______________________

Ort und Datum: ______________________ (Ort), den ______________ (Datum)

Rechtliche Grundlagen: ArbStättV, Regeln für Arbeitsstätten (ASR A), Vorschriften- und Regelwerk der DGUV

Nr.	Parameter	Erfüllt Nein	Erfüllt Ja	Entfällt	Maßnahmen bis wann und durch wen umgesetzt
1. Arbeitsumgebung					
Arbeitsplatzgestaltung/Arbeitsräume					
1.1	Verkehrswege Mindestbreiten: 0,875 m bei 1 bis 5 Personen 1,00 m bei 5 bis 20 Personen 1,20 m bei 20 bis 200 Personen	☐	☐	☐	
1.2	Sind die Flucht- und Rettungswege mit Sicherheitszeichen nach ASR A1.3 angemessen gekennzeichnet?	☐	☐	☐	
1.3	Ist am Arbeitsplatz ausreichend Platz nach ASR A1.2, z. B. • mindestens 8–10 m² • mindestens 2,50 m Höhe • 1,20 m in der Breite (Abstand zum Nachbarn)?	☐	☐	☐	
1.4	Steht hinter jedem Schreibtisch eine Bewegungsfläche von 1,50 m² zur Verfügung?	☐	☐	☐	
1.5	Wurden Glasflächen, die bis zum Fußboden allgemein zugänglicher Verkehrsflächen herabreichen, so gekennzeichnet, dass sie deutlich wahrgenommen werden können (ASR A1.6)?	☐	☐	☐	
1.6	Bestehen lichtdurchlässige Wände im Bereich der Arbeitsplätze und Verkehrswege aus bruchsicherem Werkstoff bzw. sind diese durch Geländer oder andere entsprechende Abschrankungen abgeschirmt (ASR A1.6)?	☐	☐	☐	
1.7	Verfügt der Arbeitsbereich über raumakustische Maßnahmen (u. a. abgehängte Decke, Lärmpegel max. 45–55 dB gemäß ASR A3.7)?	☐	☐	☐	

Nr.	Parameter	Erfüllt		Entfällt	Maßnahmen bis wann und durch wen umgesetzt
		Nein	Ja		
Beleuchtung					
1.8	Ist die Beleuchtung entsprechend den geltenden Technischen Regeln für Arbeitsstätten ASR A3.4 und ASR A3.5 ausgerichtet? • Geeignete Sonnenschutzvorrichtungen • Beleuchtungsstärke für Büroräume mind. 500 lx	☐	☐	☐	
1.9	Wird der Arbeitsplatz nach ASR A3.4 mit ausreichend Tageslicht (Sichtverbindungsflächen) versorgt (1/10 der Flächen)? Ist Tageslicht vorhanden?	☐	☐	☐	
1.10	Wird der Arbeitsplatz nach ASR A3.4 mit ausreichend individuellen Tageslichtlampen ergänzt?	☐	☐	☐	
Raumklima					
1.11	Ist das Raumklima entsprechend den geltenden Technischen Regeln für Arbeitsstätten ASR A3.4 und ASR A3.5 ausgerichtet? Die Mindesttemperaturwerte werden eingehalten: • 20 °C bei leichter, sitzender Tätigkeit • 19 °C bei mittlerer, sitzender Tätigkeit • 19 °C bei Tätigkeiten im Stehen oder Gehen • 17 °C bei mittleren Tätigkeiten im Stehen oder Gehen	☐	☐	☐	
1.12	Bei Überschreitung der Lufttemperatur im Raum von +30 °C werden Maßnahmen ergriffen, die die Beanspruchung der Beschäftigten reduzieren	☐	☐	☐	
Brandgefährdung					
1.13	Werden Feuerlöscher nach DIN EN 3 – in Abhängigkeit von der Grundfläche der Arbeitsstätte – gut sichtbar vorgehalten (ASR A2.2)?	☐	☐	☐	
1.14	Werden Warnanlagen, z. B. Rauch- oder Wärmemelder mit bestimmter Auslöseempfindlichkeit, so installiert, dass die Beschäftigten in allen innen liegenden Räumen frühzeitig gewarnt werden?	☐	☐	☐	
1.15	Werden alle ortsveränderlichen elektrischen Geräte und ortsfesten elektrischen Anlagen regelmäßig rechtskonform geprüft?	☐	☐	☐	
1.16	Werden die Beschäftigten 1x jährlich zum Brandschutz unterwiesen?	☐	☐	☐	
1.17	Ist der Nichtraucherschutz gewährleistet?	☐	☐	☐	
2. Arbeitsmittel					
Bildschirme/Tastatur/Maus					
2.1	Ist der Bildschirm frei und strahlungsarm, lässt sich leicht drehen bzw. neigen?	☐	☐	☐	
2.2	Ist das Bild stabil und flimmerfrei sowie ohne Verzerrung?	☐	☐	☐	
2.3	Sind die Zeilen auf dem Bildschirm scharf und deutlich, ausreichend groß und mit angemessenem Zeichen- bzw. Zeilenabstand dargestellt?	☐	☐	☐	
2.4	Ist die Bildschirmoberfläche entspiegelt, sodass Reflexionen weitgehend vermieden werden?	☐	☐	☐	
2.5	Ist die Bildschirmgröße an die Art der Arbeitsaufgabe angepasst?	☐	☐	☐	
2.6	Die Höhe der Tastaturen beträgt nicht mehr als 30 mm (ein Abknicken der Handgelenke wird durch eine niedrige Tastatur vermieden)?	☐	☐	☐	

Nr.	Parameter	Erfüllt		Ent-fällt	Maßnahmen bis wann und durch wen umgesetzt
		Nein	Ja		
2.7	Die eingesetzten Mäuse sind für die Benutzer geeignet und ggf. beidseitig verwendbar?	☐	☐	☐	
2.8	Beim Arbeiten mit Laptops und Tablets sind externe Tastaturen und Bildschirme vorhanden?	☐	☐	☐	
Arbeitstische					
2.9	Haben Tische, die nicht höhenverstellbar sind, eine an den Beschäftigten angepasste Tischhöhe?	☐	☐	☐	
2.10	Können höhenverstellbare Tische zur Verfügung gestellt werden, um einen Steh-Sitz-Arbeitsplatz zu ermöglichen und die Tischhöhe individuell auf den Benutzer einzustellen (Verstellbereich zwischen 65 und 125 cm)?	☐	☐	☐	
2.11	Werden die Maße für eine ausreichend große Arbeitsfläche nach ASR A1.2 eingehalten? Tischgröße mind. 1,60 × 0,80 m (BxT)	☐	☐	☐	
2.12	Wird zur Vermeidung von Zwangshaltungen ein ausreichender Beinfreiraum unter dem Tisch vorgesehen?	☐	☐	☐	
Bürostuhl					
2.13	Richtiges Sitzen: Bilden Ober- und Unterschenkel zueinander einen Winkel von mindestens 90 Grad, berühren die Füße mit der ganzen Fläche den Boden und verlaufen die Unterarme etwa waagrecht zur Tischplatte?	☐	☐	☐	
2.14	Ist der Bürostuhl geeignet, die natürliche Haltung des Menschen im Sitzen zu unterstützen und Bewegungen im angemessenen Verhältnis zur Arbeitsaufgabe zu fördern?	☐	☐	☐	
2.15	Besitzen die Bürostühle individuelle Einstellmöglichkeiten?	☐	☐	☐	
2.16	Besitzen die Bürostühle kippsichere Untergestelle mit fünf gleichartigen Abstützpunkten oder gebremsten Rollen (Rollen entsprechend Fußbodenbelag wählen)?	☐	☐	☐	
2.17	Ist eine Abstützung des Rückens in der vorderen und hinteren Sitzposition sowie der Arme möglich?	☐	☐	☐	
2.18	Besitzen die Bürostühle eine abgerundete oder gepolsterte Sitzflächenvorderkante?	☐	☐	☐	
Fußböden/Stufen/Türschwellen					
2.19	Fußböden sind eben und rutschhemmend ausgeführt?	☐	☐	☐	
2.20	Fußböden sind frei von Stolperstellen, z. B. Aufwölbungen, Löchern oder anderen Beschädigungen?	☐	☐	☐	
2.21	Kabel und Leitungen liegen nicht in Verkehrswegen (Stolpergefahr) und/oder sind in Kabelkanälen verlegt?	☐	☐	☐	
2.22	Verkehrswege werden nicht verstellt?	☐	☐	☐	
2.23	Höhenunterschiede sind gekennzeichnet?	☐	☐	☐	

FORUM

Nr.	Parameter	Erfüllt		Ent-fällt	Maßnahmen bis wann und durch wen umgesetzt
		Nein	Ja		
Ergonomie					
2.24	Sind Bildschirme und Schreibtische im rechten Winkel zur Fensterfront aufgestellt, um Reflexionen bzw. Blendungen zu vermeiden?	☐	☐	☐	
2.25	Stehen Tastatur und Bildschirm direkt vor dem Beschäftigten?	☐	☐	☐	
2.26	Sind die Geräte so angeordnet, dass die Sehentfernung zu Bildschirm, Vorlagenhalter und Tastatur möglichst gleich ist?	☐	☐	☐	
2.27	Beträgt der Sehabstand zum Bildschirm zwischen 50 und 80 cm?	☐	☐	☐	
2.28	Befindet sich die Oberkante des Bildschirms maximal auf Augenhöhe und kann zur Entlastung der Nackenmuskulatur mit einem leicht nach unten gerichteten Blick betrachtet werden?	☐	☐	☐	
2.29	Sind die Bildschirme so angeordnet, dass die oberste Bildschirmzelle unter der horizontalen Blicklinie liegt?	☐	☐	☐	
2.30	Ist vor der Tastatur eine Handauflagefläche von 10–15 cm vorgesehen?	☐	☐	☐	
3. Arbeitsmedizinische Vorsorge					
3.1	Arbeiten am Bildschirm sind mindestens einmal pro Stunde durch andere Tätigkeiten zu unterbrechen (mind. für 5 Minuten)?	☐	☐	☐	
3.2	Regelungen zur Arbeitsunterbrechung sind vorhanden/bekannt?	☐	☐	☐	
3.3	Wird regelmäßig eine arbeitsmedizinische Vorsorge aktiv und schriftlich nach dem DGUV Grundsatz G37 „Bildschirmarbeitsplatz" angeboten?	☐	☐	☐	
4. Benutzerfreundliche Software					
4.1	Besitzt die Software zur Ausführung der Arbeitsaufgabe ausreichend Funktionen?	☐	☐	☐	
4.2	Ist die Software an die auszuführende Aufgabe anpassbar?	☐	☐	☐	
4.3	Entspricht die Programmierreihenfolge der Bearbeitungsreihenfolge?	☐	☐	☐	
4.4	Ist die verwendete Software an die Kenntnisse und Erfahrungen der Benutzer angepasst?	☐	☐	☐	
4.5	Ist stets ein Rückgängigmachen der letzten Bearbeitungsschritte möglich?	☐	☐	☐	
5. Pausen					
5.1	Werden regelmäßig Pausen eingehalten? *Empfohlen wird eine Arbeitsunterbrechung von ca. 5–10 Minuten pro Arbeitsstunde (ein leichtes Augentraining von 2–3 Minuten je 20 Minuten wäre sinnvoll, z. B. einer liegenden Acht nachsehen, einem aufgerichteten Zeigefinger nachsehen).*	☐	☐	☐	
5.2	Besteht ein Bewegungsangebot für die Beschäftigten? *Ein Bewegungsangebot für die reguläre größere Pause kann den durch Bewegungsarmut und falsche Sitzhaltung verursachten Muskel-Skelett-Belastungen vorbeugen.*	☐	☐	☐	

Nr.	Parameter	Erfüllt		Entfällt	Maßnahmen bis wann und durch wen umgesetzt
		Nein	Ja		
6. Elektromagnetische Felder/Strahlung					
Elektromagnetische Felder im Frequenzbereich von 100 kHz bis 300 GHz					
6.1	Während der Ausführung der Tätigkeiten am Arbeitsplatz tragen verschiedene Arbeitsmittel, aber auch weitere EMF-Quellen in dessen Umgebung zur Exposition gegenüber EMF bei.	☐	☐	☐	

a) Computerhardware

- 1 27-Zoll-Flachbildschirm
- 1 Tastatur und 1 Maus, mit Bluetooth, max. Sendeleistung[a] 1 mWb bis 100 mWb (0,65 mWb, c bis 65 mW[b, c])
- 1 Multifunktionsdrucker, mit WLAN-Modul, max. Sendeleistung[a] 100 mWb (2,4 GHz)
- 1 Tablet, mit WLAN- und LTE-Modul:

WLAN: max. Sendeleistung[a] 100 mWb (2,4 GHz) bis 1 Wb (5 GHz)
LTE: max. Sendeleistung[a] 200 mW

b) Kommunikation

- 1 Fax-Gerät
- 1 VoIP-Festnetztelefon mit Bildschirm
- 1 DECT-Telefon, max. Sendeleistung[a] 250 mWb (10 mWb, c)
- 1 Smartphone:

GSM: max. Sendeleistung[a] 1 Wb (1800 MHz, 125 mWb, c) bis 2 Wb (900 MHz, 250 mWb, c)
WLAN und LTE: siehe Tablet

- 1 WLAN-Repeater, max. Sendeleistung[a] 100 mWb (2,4 GHz) bis 1 Wb (5 GHz)
- 1 Indoor-Mobilfunkbasisstation (Mikrozellen-Basisstation), max. Sendeleistung 100 mW

c) Sonstige Arbeitsmittel und Büroausstattung

- LED-Schreibtischlampe
- Pinnwandmagnete, z. B. aus Neodym
- Besprechungsraum, mit Beamer und drahtloser Videoübertragung
- Schaltnetzteile als Zubehör zu den oben genannten Geräten
- Kochnische, mit Mikrowelle, Kaffeemaschine, Wasserkocher und 1 Platten-/Induktionskochfeld
- Mobilfunkstandort auf benachbartem Grundstück
- Überlandleitung, die die Arbeitsstätte überspannt

Anmerkung:
a beinhaltet automatische Leistungsreduktion, d. h., Sendeleistung nimmt ab bei steigender Empfangsqualität
b EIRP: äquivalente isotrope Strahlungsleistung, d. h. ohne Richtwirkung
c mittlere Sendeleistung, d. h. effektive Sendeleistung (berücksichtigt „Totzeit" während Kanalumschaltung)

- Richtet sich an Personen mit implantierten aktiven oder am Körper getragenen medizinischen Geräten, z. B. Herzschrittmacher.
- Aktive medizinische Geräte und Implantate verfügen über eine Energiequelle und überwachen, unterstützen und/oder ersetzen Körperfunktionen. Hierzu zählen unter anderem Herzschrittmacher, Defibrillatoren, Cochlea- oder Brainstem-Implantate, Retina-Encoder, Neurostimulatoren, Insulinpumpen sowie Implantate zur Steuerung elektromechanischer Prothesen.
- Zusammenstellung von Arbeitsmitteln und EMF-Quellen mit jeweiligen Informationsquellen und den relevanten Emissions- bzw. Expositionsangaben; Abstandsangabe für Abstand zwischen Implantatposition und EMF-Quelle

Nr.	Parameter	Erfüllt		Ent-fällt	Maßnahmen bis wann und durch wen umgesetzt
		Nein	Ja		
Elektromagnetische Felder/Strahlung					
Elektromagnetische Felder im Frequenzbereich von 100 kHz bis 300 GHz					

EMF-Quellen (Arbeitsmittel)	Informationsquelle	Emissions- bzw. Expositionsangabe (Abstandsangabe zur Implantatposition)
1 27-Zoll-Flachbildschirm	Anhang 1 Tabelle A1.1	keine Bewertung erforderlich
	Anhang 2 Tabelle A2.1	keine Bewertung erforderlich
1 Tastatur und 1 Maus, mit Bluetooth	Anhang 1 Tabelle A1.1	keine Bewertung erforderlich
	Anhang 2 Tabelle A2.1	keine Bewertung erforderlich
1 Multifunktionsdrucker, mit WLAN-Modul	Anhang 1 Tabelle A1.1	keine Bewertung erforderlich
	Anhang 2 Tabelle A2.1	Bewertung NUR für Träger aktiver Implantate erforderlich, WENN Abstände kleiner 15 cm möglich sind, z. B. bei Tätigkeiten wie Fehlerdiagnose oder Beseitigung von Papierstau
1 Tablet, mit WLAN- und LTE-Modul	Anhang 1 Tabelle A1.1	keine Bewertung erforderlich
	Anhang 2 Tabelle A2.1	Bewertung NUR für Träger aktiver Implantate erforderlich, WENN Abstände kleiner 15 cm möglich sind
1 Fax-Gerät	Anhang 1 Tabelle A1.1	keine Bewertung erforderlich
	Anhang 2 Tabelle A2.1	keine Bewertung erforderlich
1 VoIP-Festnetztelefon mit Bildschirm	Anhang 1 Tabelle A1.1	keine Bewertung erforderlich
	Anhang 2 Tabelle A2.1	keine Bewertung erforderlich
1 DECT-Telefon	Anhang 1 Tabelle A1.1	keine Bewertung erforderlich
	Anhang 2 Tabelle A2.1	Bewertung NUR für Träger aktiver Implantate erforderlich, WENN Abstände kleiner 15 cm möglich sind
1 Smartphone	Anhang 1 Tabelle A1.1	keine Bewertung erforderlich
	Anhang 2 Tabelle A2.1	Bewertung NUR für Träger aktiver Implantate erforderlich, WENN Abstände kleiner 15 cm möglich sind
1 WLAN-Repeater	Anhang 1 Tabelle A1.1	ggf. ausgewiesenen Sicherheitsabstand* einhalten
	Anhang 2 Tabelle A2.1	Bewertung NUR für Träger aktiver Implantate erforderlich
1 Indoor-Mobilfunkbasisstation (Mikrozellen-Basisstation)	Mobilfunkbetreiber	ggf. ausgewiesenen Sicherheitsabstand* einhalten
LED-Schreibtischlampe	Anhang 1 Tabelle A1.1	keine Bewertung erforderlich
	Anhang 2 Tabelle A2.1	Bewertung NUR für Träger aktiver Implantate erforderlich, wenn Lampen mit Magnetfußhaltern ausgestattet

Nr.	Parameter	Erfüllt		Entfällt	Maßnahmen bis wann und durch wen umgesetzt
		Nein	Ja		
Elektromagnetische Felder/Strahlung					
Elektromagnetische Felder im Frequenzbereich von 100 kHz bis 300 GHz					

Pinnwandmagnete, z. B. aus Neodym	Anhang 1 Tabelle A1.1	keine Bewertung erforderlich
	Anhang 2 Tabelle A2.1	Bewertung NUR für Träger aktiver Implantate erforderlich
Besprechungsraum, mit Beamer und kabelloser Videoübertragung	Anhang 1 Tabelle A1.1	keine Bewertung erforderlich
	Anhang 2 Tabelle A2.1	Bewertung NUR für Träger aktiver Implantate erforderlich, WENN Abstände kleiner 15 cm möglich sind, z. B. bei Tätigkeiten wie Fehlerdiagnose
Schaltnetzteile als Bestandteile der oben genannten EMF-Quellen	Anhang 1 Tabelle A1.1	keine Bewertung erforderlich
	Anhang 2 Tabelle A2.1	Bewertung NUR für Träger aktiver Implantate erforderlich, WENN Abstände kleiner 15 cm möglich sind
Kochnische, mit	Anhang 1 Tabelle A1.1	
Mikrowelle		keine Bewertung erforderlich
Kaffeemaschine		keine Bewertung erforderlich
Wasserkocher		keine Bewertung erforderlich
1-Platten-/Induktionskochfeld		bei Dauerbetrieb Funktionsfähigkeit der Abschaltautomatik gewährleisten
Kochnische, mit	Anhang 2 Tabelle A2.1	
Mikrowelle		keine Bewertung erforderlich
Kaffeemaschine		keine Bewertung erforderlich
Wasserkocher		keine Bewertung erforderlich
1-Platten-/Induktionskochfeld		bei Dauerbetrieb Funktionsfähigkeit der Abschaltautomatik gewährleisten, Bewertung NUR für Träger aktiver Implantate erforderlich
Mobilfunkstandort auf benachbartem Grundstück	Standortbescheinigung BNetzA	ausgewiesene Mindestabstände auf Basis 26. BImSchV werden vom Mobilfunkbetreiber eingehalten, keine Bewertung erforderlich
Überlandleitung, die die Arbeitsstätte überspannt	örtlicher Energieversorger, digitale Kartendienste	Grenzwerte nach 26. BImSchV werden vom Netzbetreiber eingehalten, keine Bewertung erforderlich
Anmerkung: *Der ggf. ausgewiesene Sicherheitsabstand ist eine Hersteller- bzw. Betreiberangabe. Dieser Abstand zur EMF-Quelle gewährleistet, dass die Immissionswerte für die Allgemeinbevölkerung, z. B. Referenzwerte nach Tabelle 2 EU-Ratsempfehlung zu EMF 1999/519/EG, eingehalten werden.		

Datum, Unterschrift des Prüfers: ______________________________

Gefährdungsbeurteilung Homeoffice

Firma/Einrichtung und Stempel

Firma/Einrichtung: ______

Büroarbeitsplatz: ______

Name des Prüfers: ______

Ort und Datum: ______ (Ort), den ______ (Datum)

Nr.	Prüffragen	geprüft Ja	geprüft Nein	Maßnahmen bis wann
1. Formale Anforderungen				
1.1	Wurden die Möglichkeiten des Homeoffice geprüft, angeboten und die Zustimmung der Beschäftigten eingeholt? (Beschäftigte können ablehnen.)	☐	☐	
1.2	Wurde der Arbeitsplatz im Homeoffice in die Gefährdungsbeurteilung einbezogen und die notwendige Ausstattung festgelegt?	☐	☐	
1.3	Wurde vereinbart, ob und unter welchen Bedingungen Arbeitsmittel durch die Beschäftigten zur Verfügung gestellt werden können?	☐	☐	
1.4	Wird die Einrichtung des Homeoffice aktiv unterstützt (z. B. IT-Ausstattung, Bürostuhl)?	☐	☐	
1.5	Sind die räumlichen, technischen und ergonomischen Mindestvoraussetzungen, insbesondere für Personen mit Handicap, für die Homeoffice-Tätigkeit sichergestellt?	☐	☐	
1.6	Ist die sichere Verwendung der Arbeitsmittel gewährleistet?	☐	☐	
1.7	Liegt idealerweise eine schriftliche betriebliche Vereinbarung zum Arbeiten im Homeoffice vor?	☐	☐	
2. Inhaltliche Anforderungen				
2.1 Organisation und betriebliche Abläufe				
2.1.1	Sind Beschäftigte in den Gestaltungsprozess von Homeoffice einbezogen?	☐	☐	
2.1.2	Ist geklärt, für welche Tätigkeiten das Homeoffice möglich ist?	☐	☐	
2.1.3	Sind die An- und Abwesenheitszeiten der Beschäftigten im Betrieb geregelt?	☐	☐	
2.2 Arbeitsablauf/-aufgabe				
2.2.1	Ist konzentriertes und zielgerichtetes Arbeiten möglich?	☐	☐	
2.2.2	Sind Zeitfenster für die Erreichbarkeit mit Vorgesetzten, Kolleginnen und Kollegen vereinbart?	☐	☐	

Nr.	Prüffragen	geprüft		Maßnahmen bis wann
		Ja	Nein	
2.2.3	Wird die Bildschirmarbeit durch Tätigkeitswechsel unterbrochen?	☐	☐	
2.2.4	Wird Bewegung bzw. werden kleine Bewegungspausen durchgeführt?	☐	☐	
2.2.5	Ist ausreichend Zugang zu betrieblicher Kommunikation und Informationen gewährleistet?	☐	☐	
2.2.6	Ist die Arbeitsaufgabe für das Homeoffice geeignet?	☐	☐	
2.2.7	Sind Entscheidungsspielraum und Verantwortungsbereich festgelegt?	☐	☐	
2.2.8	Ist die Software der Arbeitsaufgabe angepasst?	☐	☐	
2.2.9	Sind Fähigkeiten zur Strukturierung der Arbeit vorhanden und wird Unterstützung durch den Arbeitgebenden angeboten?	☐	☐	
2.2.10	Sind Informationen und Angebote zur Förderung der eigenen Sicherheits- und Gesundheitskompetenz durch den Arbeitgebenden erfolgt?	☐	☐	
2.3 Arbeitszeit				
2.3.1	Bestehen verbindliche Regelungen hinsichtlich der Arbeitszeiten und der Erreichbarkeit?	☐	☐	
2.3.2	Ist sichergestellt, dass die Vorgaben des Arbeitszeitgesetzes (Grenzen der Höchstarbeitszeit, Pausenregelungen, Ruhezeiten) berücksichtigt werden?	☐	☐	
2.3.3	Werden Arbeitszeiten und Überstunden aufgezeichnet und kontrolliert?	☐	☐	
2.3.4	Ist eine flexible Gestaltung der Arbeitszeit möglich?	☐	☐	
2.3.5	Werden (Kurz-)Pausen und gesetzliche Ruhezeiten eingehalten?	☐	☐	
2.4 Arbeitsplatz/-ort und Ergonomie				
2.4.1	Gibt es eine Trennung von Arbeits- und Wohnbereich?	☐	☐	
2.4.2	Wird der Entgrenzung von Arbeit und Privatleben entgegengewirkt?	☐	☐	
2.4.3	Werden die Daten des Unternehmens/der Einrichtung bei Arbeit im privaten Umfeld geschützt?	☐	☐	
2.4.4	Sind die Daten des Arbeitnehmenden geschützt?	☐	☐	
2.4.5	Stellt der Arbeitgeber sicher, dass die Beschäftigten im Homeoffice entsprechende technische Möglichkeiten für die Erfüllung ihrer Aufgaben haben (z. B. die entsprechende Hardware und Zugang zu Dokumenten, Unterlagen, Datenbanken)?	☐	☐	
2.4.6	Sind Tisch und Bildschirm frei von störenden Reflexionen und Blendungen aufgestellt? Und kommt das Tageslicht von der Seite?	☐	☐	
2.4.7	Ist die Arbeitsfläche ausreichend groß?	☐	☐	
	• optimal 160 cm × 80 cm,	☐	☐	
	• funktional 120 cm × 80 cm	☐	☐	
	• minimal 80 cm × 60 cm	☐	☐	

Nr.	Prüffragen	geprüft		Maßnahmen bis wann
		Ja	Nein	
2.4.8	Ist die Tischhöhe so eingestellt, dass beim Aufliegen der Unterarme auf der Tischplatte diese mit den Oberarmen einen rechten Winkel bilden? • optimal – Tisch höhenverstellbar • funktional/minimal – Tisch nicht höhenverstellbar (74 ± 2 cm)	☐ ☐ ☐	☐ ☐ ☐	
2.4.9	Sind ausreichende Beinraumbreite und -tiefe gegeben? • optimal 120 cm × 80 cm • funktional mind. 85 cm × 80 cm • minimal mind. 60 cm × 60 cm	☐ ☐ ☐ ☐	☐ ☐ ☐ ☐	
2.4.10	Hat der Bürodrehstuhl fünf Rollen, die an den Fußbodenbelag angepasst sind?	☐	☐	
2.4.11	Ist dynamisches Sitzen durch bewegliche Rückenlehne möglich?	☐	☐	
2.4.12	Ist die Sitztiefe verstellbar? Wird die volle Sitzfläche genutzt?	☐	☐	
2.4.13	Ist die Sitzhöhe angepasst, sodass die Füße am Boden stehen und Ober- und Unterschenkel einen Winkel von etwas mehr als 90° bilden?	☐	☐	
2.4.14	Sind die Rückenlehne oder Lordosenstütze in der Höhe verstellbar?	☐	☐	
2.4.15	Sind Armstützen höhenverstellbar (in Höhe der Tischplatte)? Sind die Unterarme aufgelegt?	☐	☐	
2.5 Arbeitsumgebung				
2.5.1	Ist eine freie Bewegungsfläche am Arbeitsplatz vorhanden? • optimal 160 cm × 100 cm • funktional 120 cm × 80 cm • minimal 80 cm × 80 cm	☐ ☐ ☐ ☐	☐ ☐ ☐ ☐	
2.5.2	Wurden Stolperfallen beseitigt (u. a. Kabel)?	☐	☐	
2.5.3	Ist der Arbeitsplatz ausreichend hell, und wird ggf. eine zusätzliche Steh- oder Tischleuchte genutzt?	☐	☐	
2.5.4	Ist eine Sichtverbindung nach außen gegeben?	☐	☐	
2.5.5	Sind zur Vermeidung von Blendung und Spiegelung geeignete Sonnenschutzvorrichtungen vorhanden?	☐	☐	
2.5.6	Wird abends, spätestens zwei Stunden vor dem Schlafengehen, warmweißes Licht genutzt?	☐	☐	
2.5.7	Beträgt die Lufttemperatur 20–22° C (max. 26° C)?	☐	☐	
2.5.8	Wird störende Zugluft vermieden?	☐	☐	
2.5.9	Wird der Arbeitsraum regelmäßig gelüftet?	☐	☐	

FORUM

Nr.	Prüffragen	geprüft		Maßnahmen bis wann
		Ja	Nein	
2.6 Arbeitsmittel und technischer Zugang				
2.6.1	Ist ein schneller und leistungsfähiger Internetzugang vorhanden?	☐	☐	
2.6.2	Sind Software und Hardware für Online-Besprechungen vorhanden?	☐	☐	
2.6.3	Ist der Serverzugang vorhanden?	☐	☐	
2.6.4	Sind häufig genutzte Arbeitsmittel im zentralen Blickfeld angeordnet?	☐	☐	
2.6.5	Ist ein großer reflexionsarmer Bildschirm (mindestens 17"-LCD-Bildschirm) vorhanden?	☐	☐	
2.6.6	Ist der Blick zum Bildschirm leicht nach unten gerichtet?	☐	☐	
2.6.7	Beträgt der Sehabstand zwischen Augen und Bildschirm 50 bis 80 cm?	☐	☐	
2.6.8	Ist die Zeichendarstellung schwarz auf hellem Untergrund (Positivdarstellung)?	☐	☐	
2.6.9	Wird abends, spätestens zwei Stunden vor dem Schlafengehen, der Nachtmodus des Bildschirms aktiviert?	☐	☐	
2.6.10	Sind separate Tastatur und Maus vorhanden?	☐	☐	
2.6.11	Beträgt der Abstand von Tastatur zur Tischkante 10 bis 15 cm?	☐	☐	
2.6.12	Hat die Tastatur eine reflexionsarme Oberfläche?	☐	☐	
2.6.13	Hat die Tastatur helle Tasten mit dunkler Beschriftung?	☐	☐	
2.6.14	Ist die Maus in entspannter Körper- und Armhaltung bedienbar?	☐	☐	
2.7 Psychische Belastung				
2.7.1	Werden psychische Belastungen im Homeoffice, während der Pandemie, systematisch erfasst und werden Maßnahmen abgeleitet? Dabei können beispielsweise die nachstehenden Belastungsfaktoren berücksichtigt werden:	☐	☐	
	• Unklare/unvollständige/widersprüchliche Informationen	☐	☐	
	• Umgang mit herausfordernden Situationen (z. B. Eskalation mit Kunden)	☐	☐	
	• Fehlende Qualifikation (z. B. für die Nutzung neuer Medien und Kommunikationsmittel)	☐	☐	
	• Fehlender sozialer Austausch mit Kolleginnen und Kollegen sowie soziale Isolierung	☐	☐	
	• Fehlende Unterstützung durch Kolleginnen und Kollegen sowie Vorgesetzte	☐	☐	
	• Fehlender Austausch mit Vorgesetzten, fehlendes Feedback oder Anerkennung für erbrachte Leistungen	☐	☐	
	• Störungen und Unterbrechungen im häuslichen Umfeld (insbesondere auch durch die Betreuung der Kinder)	☐	☐	
	• Selbstorganisation/Überforderung/Unterforderung	☐	☐	

Nr.	Prüffragen	geprüft		Maßnahmen bis wann
		Ja	Nein	
2.8 Unterweisung, Information und Kommunikation				
2.8.1	Wurde die Unterweisung durchgeführt und dokumentiert?	☐	☐	
2.8.2	Ist ein (regelmäßiger) fachlicher und sozialer Austausch mit Vorgesetzten, Kolleginnen und Kollegen möglich?	☐	☐	
2.8.3	Wird das Vertrauensverhältnis zwischen Führungskraft und Beschäftigten durch wertschätzenden und fairen Umgang gefördert?	☐	☐	
2.8.4	Sind Rückmeldung und Austausch bei Problemen und Wünschen der Beschäftigten niederschwellig möglich?	☐	☐	
2.8.5	Erfolgt ein Austausch über Aufgaben, Auslastung und Erfolge der Arbeit regelmäßig?	☐	☐	

Datum, Unterschrift des Prüfers: ____________________

Gefährdungsbeurteilung
Alleinarbeit

Firma/Einrichtung und Stempel

Firma/Einrichtung: ______________________________

Name des Prüfers: ______________________________

Ort und Datum der Prüfung: ______________________ (Ort), den ______________ (Datum)

Beurteilung des Arbeitsplatzes hinsichtlich des Risikos

Gefährdungs-stufe	Wahrscheinlichkeit eines Notfalls	geprüft		Notfallwahrscheinlichkeit (NW)
		Ja	Nein	
Gering	Keine bis kaum Notfälle zu erwarten – normale Alleinarbeit, keine Überwachung **(die Person bleibt handlungsfähig)**	☐	☐	1–3
Erhöht	Notfälle sind möglich – gefährliche Alleinarbeit, Überwachung durch Kontrollgänge, Kontrollanrufe **(die Person bleibt eingeschränkt handlungsfähig)**	☐	☐	4–6
Kritisch	Mit Notfällen ist zu rechnen – gefährliche Alleinarbeit, ständige Überwachung **(die Person ist nicht mehr handlungsfähig)**	☐	☐	7–10

Zu beachtende Regelwerke bei Alleinarbeit:

ArbSchG Arbeitsschutzgesetz

DGUV Vorschrift 1 „Grundsätze der Prävention“

DGUV Regel 100–001 „Grundsätze der Prävention“

DGUV Regel 112–139 „Einsatz von Personen-Notsignal-Anlagen“

DGUV-Information 212–139 „Notrufmöglichkeiten für allein arbeitende Personen“

DGUV Leitlinie „Einsatz von Personen-Notsignal-Anlagen bei gefährlichen Alleinarbeiten“

VDE V 0825-1 Überwachungsanlagen – Drahtlose Personen-Notsignal-Anlagen für gefährliche Alleinarbeiten Teil 1: Geräte- und Prüfanforderungen

Beurteilung der Zeiteinheit für Hilfemaßnahmen

Zeiteinheit für die Hilfemaßnahmen	Bewertungsziffer
< 5 Minuten	0
5 Minuten bis 10 Minuten	1
10 Minuten bis 15 Minuten	2

Je kürzer die Zeit bis zum Eintreffen der Hilfeleistung ist, desto geringer ist die Gefährdung insgesamt.

Meldeeinrichtung	Gefährdungsstufen		
	Gering	Erhöht	Kritisch
Leistungsgebundenes Telefon	x		
Stationäre Rufanlage	x		
Schnurloses Telefon	x	x	
Mobiltelefon	x	x	
Sprechfunkeinrichtung	x	x	
Zeitgesteuerte Kontrollanrufe	x	x	
Totmannschaltung	x	x	
Ständige Kameraüberwachung	x	x	x
Personen-Notsignal-Anlage (PNA)	x	x	x
Personen-Notsignal-Anlage (PNA) DGUV Regel 112–139	x	x	x

Nr.	Prüffragen	geprüft		Maßnahmen bis wann
		Ja	Nein	
1. Formale Anforderungen				
1.1	Handelt es sich um Alleinarbeit? *Die Person ist allein, außerhalb von Ruf- und Sichtweite zu anderen (DGUV-Regel 100-001 2.7.2)*	☐	☐	
2	Wurde das Risiko der Alleinarbeit anhand der Gefährdungsstufen entsprechend beurteilt?	☐	☐	
1.3	Bestehen Arbeiten, aus denen Gefährdungen aus dem Arbeitsverfahren, der Art der Tätigkeit, den verwendeten Stoffen oder aus der Umgebung hervorgehen? *(DGUV-Regel 100-001 2.7.1)*	☐	☐	
1.4	Sind über die allgemeinen Schutzmaßnahmen hinaus geeignete technische oder organisatorische Personenschutzmaßnahmen zu treffen?	☐	☐	
1.5	Ist in der Nähe des Alleinarbeitsplatzes eine geeignete und dem Grad der Gefährdung angepasste Meldeeinrichtung (z. B. Telefon, Sprechfunk, Handy,) gewährleistet?	☐	☐	
1.6	Gibt es für Alleinarbeit ein Notfallkonzept bzw. eine entsprechende Betriebsanweisung?	☐	☐	
1.7	Erhalten Alleinarbeitende zu ihren Arbeitsauftrag und die eventuell allein zu bedienenden Maschinen entsprechende Einweisungen?	☐	☐	
1.8	Erhalten Alleinarbeitende regelmäßige Unterweisungen über die Gefahren am Arbeitsplatz und die mitzuführenden Sicherheitsmaßahmen (richtiges Verhalten, PSA, Notfallsystem-Anlage)?	☐	☐	
1.9	Können Alleinarbeitende die im Notfall einzusetzenden Geräte (Personen-Notsignalanlagen, Telefon, Sprechfunk, Totmannschalter etc.) richtig verwenden?	☐	☐	
1.10	Werden die technischen Geräte vor jeder Benutzung (vor Beginn der Arbeit) auf Funktionsfähigkeit überprüft? Die regelmäßige Wartung von Notrufeinrichtungen ist gewährleistet?	☐	☐	

Nr.	Prüffragen	geprüft		Maßnahmen bis wann
		Ja	Nein	
2. Unzulässige Alleinarbeit				
Alleinarbeit ist nicht zulässig, wenn die Arbeit zu einer Verletzung führen kann, welche die sofortige Hilfe einer zweiten Person nötig macht. Dies trifft insbesondere in folgenden Fällen zu:				
2.1	Arbeiten, bei denen eine ständige Überwachung durch eine zweite Person vorgeschrieben ist: • Arbeiten an unter Spannung stehenden elektrischen Installationen • Arbeiten an fließenden Gewässern • Arbeiten in wärmetechnischen Anlagen, Hochkaminen und Verbindungskanälen • Arbeiten in Behältern und engen Räumen • Arbeiten in Schächten, Rohrleitungen, Gruben und Kanälen • Schweißen in engen Räumen • Arbeiten mit Strahlenquellen außerhalb von Bestrahlungsräumen • Arbeiten unter Druckluft und unter Atemschutz • Arbeiten im Garten- und Landschaftsbau mit besonderen Gefahren, z. B. Motorsägearbeiten, Arbeiten in steilem Gelände, Fällen von Bäumen • Feuerarbeiten in brand- und explosionsgefährdeten Bereichen	☐	☐	
2.2	Arbeiten, die nur in Sicht- und Rufweite zu anderen Personen ausgeführt werden dürfen: • Arbeiten an technischen Systemen im Sonderbetrieb, z. B. Einrichten, Beheben von Störungen, Instandhaltungsarbeiten • Arbeiten im Bereich von gewöhnlich unzugänglichen und ungesicherten Gefahrenstellen • Arbeiten mit der Gefahr, von drehenden Teilen und Werkzeugen erfasst zu werden • Arbeiten mit Chemikalien (abhängig von der Art und dem Umfang) oder Glasgeräten • Arbeiten mit Absturzgefahr wie z. B. Klettern >3 m	☐	☐	
3. Mechanische Gefährdungen				
3.1	Gefährdungen durch ungeschützte bewegte Maschinenteile können auftreten durch: • Quetschstellen • Scherstellen • Stoßstellen • Schneidstellen • Stichstellen • Einzugsstellen • Fangstellen	☐	☐	

Nr.	Prüffragen	geprüft		Maßnahmen bis wann
		Ja	Nein	
3.2	Werden die Sicherheitsabstände entsprechend eingehalten?	☐	☐	
3.3	Werden Schutzeinrichtungen (Verkleidungen, Verdeckungen, Umzäunungen, Umwehrungen etc.) verwendet?	☐	☐	
3.4	Wird die jeweils vorgeschriebene persönliche Schutzausrüstung verwendet?	☐	☐	
3.5	Ist der Gefahrenbereich ausschließlich erreichbar, wenn gefahrbringende Bewegungen zum Stillstand gekommen sind?	☐	☐	
3.6	Gefährdungen durch Transportmittel (z. B. Flurförderzeuge, Radlader, Schienenbahnen, Krane, Stetigförderer, Fahrzeuge, transportable Silos und Behälter) können auftreten durch: • Anfahren, Aufprallen • Überfahren • Umkippen • Abstürzen • Quetschen	☐	☐	
3.7	Werden Fahrzeuge, Maschinen, Krananlagen technisch so betrieben, dass sie nicht von selbst wegfahren, rückwärtsfahren oder angehen?	☐	☐	
3.8	Werden geeignete Lastaufnahmeeinrichtungen (z. B. Seile, Ketten, Traversen) zur Verfügung gestellt und regelmäßig geprüft?	☐	☐	
4. Brand- und Explosionsgefährdung				
4.1	Brandgefahr durch Feststoffe, Flüssigkeiten und Gase können auftreten durch: • Brandlast • Brandentstehung • Brandausbreitung	☐	☐	
4.2	Gibt es eine Ermittlung aller Faktoren für die Entstehung, Ausbreitung und Auswirkung eines Brandes, insbesondere auch bei Instandhaltungsarbeiten?	☐	☐	
4.3	Werden Feuerlöscheinrichtungen mit geeigneter Brandklasse bereitgestellt, gekennzeichnet und regelmäßig geprüft?	☐	☐	
4.4	Werden Zündquellen ermittelt und vermieden?	☐	☐	
4.5	Gab es eine Beurteilung der Brandgefährdung: • normale Brandgefährdung, z. B. Büros • erhöhte Brandgefährdung • hohe Brandgefährdung	☐	☐	
4.6	Gibt es einen Brandschutzbeauftragten?	☐	☐	
4.7	Wurde ein Brandschutzkonzept erstellt?	☐	☐	
4.8	Werden dafür regelmäßige Unterweisungen durchgeführt?	☐	☐	

Nr.	Prüffragen	geprüft		Maßnahmen bis wann
		Ja	Nein	
4.9	Werden besonders gefährliche Tätigkeiten, z. B. Feuerarbeiten, nur mit schriftlicher Erlaubnis ausgeführt (Arbeitsfreigabesystem)?	☐	☐	
4.10	Werden Selbstretter/Fluchtgeräte bereitgestellt?	☐	☐	
4.11	Gefahren durch explosionsfähige Gemische können auftreten durch: • Gas/Luft-Gemisch • Dampf/Luft-Gemisch, Nebel/Luft-Gemisch • Staub/Luft-Gemisch • Hybride Gemische • Nach GefStoffV auch andere Oxidationsmittel als Luft bzw. Umgebungsdruck < 0,8 bar bzw. > 1,1 bar bzw. Umgebungstemperatur < –20 °C bzw. > 60 °C • Instabile Gase	☐	☐	
4.12	Werden entzündbare Flüssigkeiten so ausgewählt bzw. Verfahren so gestaltet, dass die Umgebungs- und Verarbeitungstemperatur sicher unter dem Flammpunkt und dem unteren Explosionspunkt liegen?	☐	☐	
4.13	Wird die Entstehung gefährlicher explosionsfähiger Atmosphäre bzw. Gemische verhindert?	☐	☐	
4.14	Werden Staubablagerungen regelmäßig beseitigt?	☐	☐	
4.15	Werden die Arbeitsmittel und technischen Maßnahmen in explosionsgefährdeten Bereichen durch eine zur Prüfung befähigte Person regelmäßig überprüft?	☐	☐	
4.16	Wurde ein Explosionsschutzdokument erstellt?	☐	☐	
4.17	Sind explosionsgefährdete Bereiche gekennzeichnet?	☐	☐	
4.18	Werden dafür regelmäßige Unterweisungen durchgeführt?	☐	☐	
4.19	Werden besonders gefährliche Tätigkeiten, z. B. Feuerarbeiten, nur mit schriftlicher Erlaubnis ausgeführt (Arbeitsfreigabesystem)?	☐	☐	
5. Thermische Gefährdung				
5.1	Gefahren durch heiße Medien können auftreten durch: • Offene Flammen • Heiße Materialien • Rohrleitungen • Dämpfe • Flüssigkeiten	☐	☐	
5.2	Stehen technische Einrichtungen, Materialien als Arbeits- und Hilfsmittel zur Verfügung?	☐	☐	
5.3	Steht entsprechende PSA zur Verfügung?	☐	☐	
5.4	Werden die Personen entsprechend unterwiesen?	☐	☐	

Nr.	Prüffragen	geprüft		Maßnahmen bis wann
		Ja	Nein	
5.5	Gefahren durch kalte Medien können auftreten durch: • Kältemittel • Kühlmittel • Vereiste Materialien wie Geländer, Werkzeuge	☐	☐	
5.6	Gibt es einen Totmannschalter oder eine Personen-Notsignalanlage (z. B. in Gefrier- und Kühltürmen)?	☐	☐	
5.7	Steht entsprechende PSA zur Verfügung?	☐	☐	
5.8	Werden die Personen entsprechend unterwiesen?	☐	☐	
5.9	Werden Notfallübungen durchgeführt?	☐	☐	
6. Gefährdungen durch Arbeitsumgebungsbedingungen				
6.1	Gefahren durch die Arbeitsumgebung können auftreten durch: • Raumabmessungen (kleine Räume) • Bewegungsfläche (z. B. auf Windmühlen) • Luftraum • Steigleitern, Steigeisengängen • Absturz • Abrutschen oder Abgleiten vom Standobjekt • Durchbrechen (z. B. Dächer) • Hineinstürzen in Bodenöffnungen • Arbeiten in Behältern, Silos, Apparaten, Kesseln, Tanks, Gräben, Schächten, abwassertechnischen Anlagen usw. • Hafenanlagen • Löschwasserbehälter • Kläranlagen	☐	☐	
6.2	Sind Schutzmaßnahmen für kleine Räume und deren Begehbarkeit vorhanden?	☐	☐	
6.3	Steht ausreichend Bewegungsfläche zur Verfügung? Und werden Schutzmaßnahmen getroffen?	☐	☐	
6.4	Sind an der Austrittsstelle von Steigleitern zweiteilige Haltevorrichtungen mindestens 1,1 m über der Austrittsfläche vorhanden?	☐	☐	
6.5	Ist bei Fallhöhen von mehr als 10 m PSA (z. B. Steigschutzeinrichtungen) vorhanden?	☐	☐	
6.6	Ist eine Absturzsicherung (kollektive Schutzmaßnahmen wie Geländer, feste Abdeckungen, Schleusengeländer) vorhanden?	☐	☐	
6.7	Sind Bodenöffnungen durch Geländer oder Absperrung gesichert?	☐	☐	
6.8	Wird bei Benutzung von Leitern ggf. auch PSA gegen Absturz benutzt? Bestimmte PSA gegen Absturz nur im Beisein einer 2. Person benutzen!	☐	☐	

Nr.	Prüffragen	geprüft		Maßnahmen bis wann
		Ja	Nein	
6.9	Bei Silos und Behältern Kontrolle der Maßnahmen durch aufsichtführende Person gewährleisten!	☐	☐	
6.10	Schutzmaßnahmen bei Silos und Behältern schriftlich im Arbeitserlaubnisschein festlegen!	☐	☐	
6.11	Bei Arbeiten in Silos oder Behältern Sicherungsposten bereitstellen!	☐	☐	
6.12	Bei Arbeiten in Silos oder Behältern Sicherungsposten bereitstellen!	☐	☐	
6.13	Werden Behälter, Silos und Räume vor Arbeitsbeginn entleert und gereinigt?	☐	☐	
6.14	Werden in Behältern und Silos Zuleitungen zu Behältern wirksam unterbrochen?	☐	☐	
6.15	Wird eine ausreichende Sauerstoffkonzentration sichergestellt (insbesondere bei im Normalbetrieb inertisierten Behältern)?	☐	☐	
6.16	Wird in Behältern und Silos durch ausreichende Spülung/Lüftung sichergestellt, dass keine Gase, Dämpfe oder Stäube in gesundheitsschädlicher Konzentration auftreten?	☐	☐	
6.17	Wird die Wirksamkeit der Lüftung überwacht (z. B. durch Konzentrationsmessungen mit selbstanzeigenden Geräten)?	☐	☐	
6.18	Wird vor Arbeitsaufnahme in Behältern und Silos die Konzentration von Sauerstoff und Gefahrstoffen in der Atemluft gemessen („Freimessen") und das Ergebnis dokumentiert?	☐	☐	
6.19	Silos: Der Aufenthalt unter anstehendem oder haftendem Füllgut ist nicht erlaubt; anstehendes oder haftendes Füllgut nur von oben beseitigen!	☐	☐	
6.20	Wird auf Schüttgütern nur mit Siloeinfahreinrichtung gearbeitet?	☐	☐	
6.21	Werden vor Arbeitsaufnahme in Silos und Behältern alle beweglichen Teile oder Einrichtungen gesichert?	☐	☐	
6.22	Rührer müssen zusätzlich mechanisch festgesetzt werden!	☐	☐	
6.23	Werden in Behältern und Silos Heiz- und Kühleinrichtungen vor Beginn der Arbeiten außer Betrieb gesetzt und gegen Ingangsetzen gesichert (das gilt auch für eingebaute Feuerlösch- und Explosionsunterdrückungsanlagen)?	☐	☐	
6.24	Persönliche Schutzausrüstung verwenden!	☐	☐	
6.25	Werden geeignete Zugangs- bzw. Positionierungsverfahren festlegt?	☐	☐	

Nr.	Prüffragen	geprüft		Maßnahmen bis wann
		Ja	Nein	
6.26	Wurde für das Arbeiten in Silos, Behältern und engen Räumen ein Rettungskonzept erstellt? Wird PSA zum Retten bereitgestellt (Rettungshubgerät, Anschlageinrichtung, Auffang- oder Rettungsgurt, Rettungsrutsche)? Wird die Rettung regelmäßig trainiert? Wird vor Arbeitsbeginn die PSA zum Retten einer Sicht- und Funktionsprüfung unterzogen?	☐	☐	
6.27	Werden beim Arbeiten am Wasser ausreichende Rettungsmittel bereitgehalten (z. B. Rettungsringe, -stangen)?	☐	☐	
6.28	Werden Rettungswesten getragen?	☐	☐	
7. Psychische Faktoren				
7.1	Gefahren durch ungenügend soziale Kontakte können auftreten durch: • Soziale Beziehungen, ständige Alleinarbeit • Arbeitsorganisation • Arbeitsaufgabe • Arbeitsumgebung	☐	☐	
Soziale Beziehungen				
7.2	Besteht die Möglichkeit zum sozialen Austausch (z. B. bezgl. fachlichem Austausch, zur Abstimmung, Zusammenarbeit usw.) mit Kollegen, Fachvorgesetzen, Vorgesetzten?	☐	☐	
7.3	Erhält die alleinarbeitende Person soziale Unterstützung?	☐	☐	
7.4	Bekommt die alleinarbeitende Person regelmäßige Rückmeldung und Anerkennung vom Vorgesetzten?	☐	☐	
Arbeitsorganisation				
7.5	Ist die Arbeitsmenge gleichverteilt (es sollte möglichst keine Ungleichheit bezgl. Aufgabenvielfalt und -komplexität sowie verfügbarer Zeit bestehen)?	☐	☐	
7.6	Werden häufige und/oder lang andauernde Unterbrechungen und Störungen der Arbeitsabläufe vermieden?	☐	☐	
7.7	Besteht ausreichend Möglichkeit zum fachlichen Austausch?	☐	☐	
7.8	Sind die Rahmenbedingungen (räumlich, zeitlich und ablauforganisatorisch) zum Austausch und zur Abstimmung mit anderen Personen gegeben?	☐	☐	
7.9	Sind die Berechtigungen, Befugnisse und Verantwortungsbereiche klar definiert?	☐	☐	
7.10	Sie die Arbeitsanforderungen widerspruchsfrei?	☐	☐	
7.11	Können Pausen- und Ruhezeiten richtig eingehalten werden?	☐	☐	

Nr.	Prüffragen	geprüft		Maßnahmen bis wann
		Ja	Nein	
Arbeitsaufgabe				
7.12	Ist die Arbeitsaufgabe abwechslungsreich und sind die Anforderungen nicht einseitig?	☐	☐	
7.13	Kann die Tätigkeit in Bezug auf Arbeits- und Pausenzeiten, Arbeitstempo, Arbeitsmittel und -abläufe, Arbeitsziele und -menge eigenständig angepasst und ausgelegt werden?	☐	☐	
7.14	Besteht die Möglichkeit, dass Ereignisse, die während der Arbeit passieren, mit anderen Personen besprochen/verarbeitet werden können?	☐	☐	
7.15	Ist die alleinarbeitende Person für die Arbeitsaufgabe entsprechend qualifiziert?	☐	☐	
7.16	Gibt es eine regelmäßige Anpassung der Arbeitsanforderungen?	☐	☐	
7.17	Bestehen soziale Kontakte zu anderen Kollegen/Vorgesetzten vor, während und nach der Arbeit?	☐	☐	
Arbeitsumgebung				
7.18	Besteht für die alleinarbeitende Person die Möglichkeit, Arbeitsräume und Arbeitsplatz/Arbeitsplätze frei zu wählen oder zu bestimmen?	☐	☐	
7.19	Besteht für die alleinarbeitende Person die Möglichkeit, die Umgebungsbedingungen (z. B. Lärm, Raumklima, Beleuchtung, Luftqualität, Gerüche) zu beeinflussen?	☐	☐	
8. Sonstige Gefährdung				
8.1	Gefahren durch Menschen können auftreten durch: • Überfall • Hilflosigkeit • Unachtsamkeit	☐	☐	
8.2	Stehen der alleinarbeitenden Person bei Notfällen technische Maßnahmen (z. B. Personennotsignale, stationäre Alarmierungsmöglichkeiten, Videoübertragungseinrichtungen, automatische Meldesysteme) zur Verfügung?	☐	☐	
8.3	Nimmt die alleinarbeitende Person regelmäßig an Schulungen und Unterweisungen zu Selbstverteidigung, Prävention, Erste-Hilfe, Notfall und Gefahrenabwehr teil?	☐	☐	
8.4	Gibt es regelmäßige Befragungen zu Übergriffen, Gewalt, Gefahr, Belastungen, Belästigungen?	☐	☐	
8.5	Gibt es ein internes Meldesystem, ein Beschwerde- und Aufarbeitungskonzept zu Übergriffen, Gewalt, Gefahr, Belastungen, Belästigungen?	☐	☐	
8.6	Gibt es Hilfsangebote für alleinarbeitende Personen zu Übergriffen, Gewalt, Gefahr, Belastungen, Belästigungen?	☐	☐	

Nr.	Prüffragen	geprüft		Maßnahmen bis wann
		Ja	Nein	
8.7	Verfügt die alleinarbeitende Person über einen Rettungskoffer/Notfallkoffer (mit technischer Ausstattung, Wasser und Verpflegung für mind. 3Tage) und über einen Rettungs-/Verhaltensablaufplan?	☐	☐	
8.8	Wird die alleinarbeitende Person in ihre Tätigkeit und alle dazugehörigen Gegebenheiten eingearbeitet und regelmäßig unterwiesen?	☐	☐	
8.9	Gefahren durch Pflanzen und schädliche Produkte können auftreten durch: • Giftige Stoffe, Rauch, Gase • Giftige und gefährliche Produkte	☐	☐	
8.10	Verfügt die alleinarbeitende Person über die entsprechende Fachkunde?	☐	☐	
8.11	Wird die alleinarbeitende Person regelmäßig geschult?	☐	☐	
8.12	Steht persönliche Schutzausrüstung zur Verfügung?	☐	☐	
8.13	Wurde die alleinarbeitende Person in die PSA eingewiesen?	☐	☐	
8.14	Wird die PSA regelmäßig vor Arbeitsbeginn auf Fehlerfreiheit überprüft?	☐	☐	
8.15	Verfügt die alleinarbeitende Person über einen Rettungskoffer/Notfallkoffer (mit technischer Ausstattung, Erste Hilfe, Wasser und Verpflegung) und über einen Rettungs-/Verhaltensablaufplan?	☐	☐	
8.16	Stehen der alleinarbeitenden Person bei Notfällen technische Maßnahmen (z. B. Personennotsignale, stationäre Alarmierungsmöglichkeiten, Videoübertragungseinrichtungen, automatische Meldesysteme) zur Verfügung?	☐	☐	

Gefährdungsbeurteilung

Leiharbeit, Zeitarbeit, Fremdarbeit

Firma/Einrichtung und Stempel

Firma/Einrichtung: ______________________________

Name des Prüfers: ______________________________

Ort und Datum der Prüfung: ______________________________, den ______________
(Ort) (Datum)

Nr.	Prüffragen	geprüft			Maßnahmen bis wann
		Nein	Ja	Nicht relevant	
1. Allgemeine Anforderungen					
1.1	Halten sich Entleiher und Verleiher an die gesetzlich vorgeschriebenen Pflichten, um die Sicherheit und Gesundheit der Leiharbeiter/Zeitarbeiter/Fremdarbeiter zu bewahren?	☐	☐	☐	
1.2	Wird die Gefährdungsbeurteilung kontinuierlich innerhalb des Überlassungsprozesses durchgeführt? D. h., wird die Beurteilung für jeden neu zu besetzenden Arbeitsplatz immer wieder neu durchgeführt?	☐	☐	☐	
Unternehmen					
1.3	Sind die Arbeiten in Ihrem Unternehmen so organisiert, dass eine Gefährdung für Leib und Leben vermieden wird?	☐	☐	☐	
1.4	Sind die Arbeiten in Ihrem Unternehmen so organisiert, dass eine Belastung nicht über die individuelle Leistungsfähigkeit hinausgeht?	☐	☐	☐	
1.5	Wird bei Aufgabenübertragung an andere Fachpersonen, die Erfüllung der Aufgaben regelmäßig überprüft?	☐	☐	☐	
1.6	Gibt es ein schriftliches Regelwerk beim Auftreten von Unfällen und Berufskrankheiten?	☐	☐	☐	
1.7	Wird der Betriebsarzt zum Arbeits- und Gesundheitsschutz vollumfänglich einbezogen?	☐	☐	☐	
1.8	Stellen Sie sicher, dass die geliehenen Beschäftigten nur an Arbeitsplätzen tätig werden, für die sie ausreichend qualifiziert sind?	☐	☐	☐	
1.9	Stellen Sie sicher, dass die geliehenen Beschäftigten nur an Arbeitsplätzen tätig werden, an denen keine Gefährdung für Leben und Gesundheit besteht?	☐	☐	☐	
1.10	Stellen Sie sicher, dass die geliehenen Beschäftigten nur an Arbeitsplätzen tätig werden, die zur individuellen Leistungsfähigkeit passen?	☐	☐	☐	

Nr.	Prüffragen	geprüft			Maßnahmen bis wann
		Nein	Ja	Nicht relevant	
1.11	Stellen Sie sicher, dass die geliehenen Beschäftigten nur an Arbeitsplätzen tätig werden, bei denen die Tätigkeit nicht zu Beeinträchtigungen und Gesundheitsschädigungen führt?	☐	☐	☐	
1.12	Werden die geliehenen Beschäftigten regelmäßig unterwiesen? Und wird das von Ihnen kontrolliert?	☐	☐	☐	
Verleiher					
1.13	Auch während des Einsatzes Ihrer Beschäftigten tragen Sie die Verantwortung! Wird diese vor Ort beim Entleiher gewährleistet?	☐	☐	☐	
1.14	Kontrollieren Sie die Sicherheit Ihrer Beschäftigten auch während deren Tätigkeit im Einsatzbetrieb?	☐	☐	☐	
1.15	Stellen Sie sicher, dass nur geeignete Beschäftigte für den Einsatz verliehen werden?	☐	☐	☐	
1.16	Stellen Sie sicher, dass die verliehenen Beschäftigten nur an Arbeitsplätzen tätig werden, an denen keine Gefährdung für Leben und Gesundheit besteht?	☐	☐	☐	
1.17	Stellen Sie sicher, dass die verliehenen Beschäftigten nur an Arbeitsplätzen tätig werden, die zur individuellen Leistungsfähigkeit passen?	☐	☐	☐	
1.18	Stellen Sie sicher, dass die verliehenen Beschäftigten nur an Arbeitsplätzen tätig werden, bei denen die Tätigkeit nicht zu Beeinträchtigungen und Gesundheitsschädigungen führt?	☐	☐	☐	
1.19	Stellen Sie sicher, dass Ihre festangestellten Mitarbeitenden über Arbeitsschutzkenntnisse, für den Einsatz beim Entleiher, verfügen?	☐	☐	☐	
1.20	Werden Ihre festangestellten Mitarbeitenden regelmäßig zum Arbeitsschutz für verliehene Personen geschult?	☐	☐	☐	
2. Betreuungsmodell durch Sifa					
Unternehmen					
2.1	Berücksichtigen Sie bei der Ermittlung des Betreuungsmodells für die Sifa auch die externen Beschäftigten?	☐	☐	☐	
2.2	Erhalten Sie von der Sifa im Rahmen der Grundbetreuung eine Beratung zur sicheren und gesunden Gestaltung der Arbeitsplätze?	☐	☐	☐	
2.3	Erhalten Sie von der Sifa im Rahmen der betriebsspezifischen Betreuung eine Beratung zum innerbetrieblichen Ablauf der Überlassung?	☐	☐	☐	
Verleiher					
2.4	Berücksichtigen Sie bei der Ermittlung des Betreuungsmodells für die Sifa auch die zu verleihenden und verliehenen Beschäftigten?	☐	☐	☐	
2.5	Werden die Aspekte im Überlassungsprozess beachtet?	☐	☐	☐	
2.6	Werden die Arbeitsplätze im Einsatzbetrieb besichtigt?	☐	☐	☐	

Nr.	Prüffragen	geprüft			Maßnahmen bis wann
		Nein	Ja	Nicht relevant	
3. Sicherheitsbeauftragte					
Unternehmen					
3.1	Berücksichtigen Sie bei der Ermittlung der Sicherheitsbeauftragten auch die externen Beschäftigten?	☐	☐	☐	
3.2	Setzten Sie bei häufiger Entleihung auch die externen Beschäftigten als Sicherheitsbeauftragte ein?	☐	☐	☐	
3.3	Wissen Ihre Sicherheitsbeauftragten, dass zu ihren Aufgaben auch die externen Beschäftigten gehören?	☐	☐	☐	
3.4	Benachrichtigen Sie auch den Verleiher über die Sicherheitsbeauftragten im Unternehmen?	☐	☐	☐	
Verleiher					
3.5	Stellen Sie sicher, dass beim Entleiher genügend Sicherheitsbeauftragte in den Einsatzbereichen vorhanden sind?	☐	☐	☐	
3.6	Schicken Sie bei größeren Einsätzen (mit vielen verliehenen Beschäftigten) auch eigene Sicherheitsbeauftragte mit?	☐	☐	☐	
3.7	Erhalten Ihre eigenen verliehenen Personen Schulungen zum Sicherheitsbeauftragten?	☐	☐	☐	
3.8	Bestellen Sie bei mehr als 20 Beschäftigten eigene Sicherheitsbeauftragte? Achtung: Gesetzliche Vorgabe!	☐	☐	☐	
4. Arbeitsbedingungen und Dokumentation					
4.1	Beurteilen Sie die einzelnen arbeitsplatzbezogenen Arbeitsbedingungen für jeden Einsatz? Dazu zählen:	☐	☐	☐	
	• Die üblichen Gefährdungsfaktoren	☐	☐	☐	
	• Die körperlichen Belastungen	☐	☐	☐	
	• Die psychischen Belastungen	☐	☐	☐	
	• Beschäftigungsbeschränkungen und -verbote, z. B. für Jugendliche, Schwangere und stillende Mütter	☐	☐	☐	
4.2	Schulen und unterweisen Sie die externen Beschäftigten zum Arbeitsschutz mind. einmal jährlich?	☐	☐	☐	
4.3	Die Unterweisung muss stattfinden:	☐	☐	☐	
	vor Aufnahme einer Tätigkeit,	☐	☐	☐	
	bei Zuweisung einer anderen Tätigkeit,	☐	☐	☐	
	bei Veränderungen im Aufgabenbereich und Veränderungen in den Arbeitsabläufen	☐	☐	☐	
4.4	Schulen und unterweisen Sie die externen Beschäftigten zur richtigen Verkehrssicherheit (Arbeitswege) und der Verantwortlichkeit im Straßenverkehr?	☐	☐	☐	
4.5	Werden alle Unterweisungen und Schulungen dokumentiert?	☐	☐	☐	
4.6	Werden nach Unfällen (Unfällen, Wegeunfällen, Arbeitsunfällen) Auswertungsgespräche angeboten und durchgeführt?	☐	☐	☐	

Nr.	Prüffragen	geprüft			Maßnahmen bis wann
		Nein	Ja	Nicht relevant	
4.7	Legen Sie in Arbeitsvereinbarungen die notwendige arbeitsmedizinische Vorsorge (Pflicht- oder Angebotsvorsorge) und/oder eine Eignungsbeurteilung fest?	☐	☐	☐	
4.8	Vor Aufnahme einer Tätigkeit muss die entsprechende arbeitsmedizinische Pflichtvorsorge durchgeführt werden!	☐	☐	☐	
4.9	Wird vor der Aufnahme gefährlicher Tätigkeiten Vorsorge angeboten?	☐	☐	☐	
4.10	Wird die Wunschvorsorge der Beschäftigten berücksichtigt?	☐	☐	☐	
4.11	Führt bei besonders gefährlichen Arbeiten eine vertraute Person die Aufsicht durch? Bei Alleinarbeit müssen Sie für technische und organisatorische Schutzmaßnahmen sorgen (z. B. Kontrollgänge, Funkmeldesysteme oder Personen-Notsignal-Anlagen)	☐	☐	☐	
4.12	Wird den Beschäftigten persönliche Schutzausrüstungen (PSA) zur Verfügung gestellt?	☐	☐	☐	
4.13	Erhalten die externen Beschäftigten eine Einweisung in die PSA?	☐	☐	☐	
4.14	Wird PSA zum Schutz vor tödlichen Gefahren verwendet, muss zur Einweisung in die PSA auch eine praktische Übung stattfinden!	☐	☐	☐	
4.15	Werden die externen Beschäftigten durch Sicherheits- und Gesundheitsschutzkennzeichnung auf die Benutzung von PSA hingewiesen?	☐	☐	☐	
Unternehmen					
4.16	Werden Vorsorge und evtl. Eignungsuntersuchungen vorrangig von Ihnen durchgeführt?	☐	☐	☐	
4.17	Stellen Sie für externe Beschäftigte die entsprechende PSA bereit! (Sprechen Sie sich hierzu mit dem Verleiher ab)	☐	☐	☐	
4.18	Folgende PSA hat sich bewährt:	☐	☐	☐	
	• PSA, die Verbrauchsartikel sind (z. B. Gehörschutzstopfen, Schutzhandschuhe)	☐	☐	☐	
	• PSA gegen Absturz (Rettungsmaßnahmen sind berücksichtigt)	☐	☐	☐	
	• PSA gegen besondere klimatische, elektrische, chemische oder biologische Gefährdungen (z. B. Schutzanzüge, Schutzhandschuhe, Schutzkleidung, Fußschutz und Atemschutz)	☐	☐	☐	
	• Spezielle PSA, Beschaffung durch den Einsatzbetrieb (z. B. Unterarmschutz bei der Glasverarbeitung)	☐	☐	☐	
Verleiher					
4.19	Wenn Sie Vorsorgeuntersuchungen anbieten und durchführen lassen, verfügt der Betriebsarzt über notwendige Kenntnisse der Arbeitsplatzverhältnisse?	☐	☐	☐	
4.20	Führen Sie die Vorsorgekartei mit entsprechenden Angaben zur medizinischen Vorsorge?	☐	☐	☐	

Nr.	Prüffragen		geprüft Nein	Ja	Nicht relevant	Maßnahmen bis wann
4.21	Erhält der Beschäftigte nach Beendigung des Arbeitsverhältnisses bei Ihnen eine Kopie der Vorsorgekartei?		☐	☐	☐	
4.22	Folgende PSA hat sich bewährt:		☐	☐	☐	
	• Einfacher Fußschutz, z. B. Sicherheitsschuhe der Kategorien S1–S3, je nach vorliegendem Einsatzbereich		☐	☐	☐	
	• Industrie-Schutzhelme		☐	☐	☐	
	• Schutzhandschuhe gegen mechanische Gefahren		☐	☐	☐	
	• Einfacher Augenschutz (Schutzbrillen) gegen mechanische Gefährdungen		☐	☐	☐	
5. Brandschutzmaßnahmen						
5.1	Lassen Sie so viele Beschäftigte wie möglich zu Brandschutzhelfern ausbilden, empfehlenswert sind mindestens 5 % der Belegschaft.		☐	☐	☐	
5.2	Lassen Sie einen Beschäftigten zum Brandschutzbeauftragten ausbilden.		☐	☐	☐	
5.3	Unterweisen Sie die Beschäftigten regelmäßig zum Brandschutz und zur Benutzung der Feuerlöschmittel.		☐	☐	☐	
6. Erste Hilfe						
6.1	Grundbedarf an Erste-Hilfe-Material: „Kleine Betriebsverbandkasten" nach DIN 13157 „Große Betriebsverbandkasten" nach DIN 13169		☐	☐	☐	
6.2	Stellen Sie sicher, dass ausreichend Beschäftigte die Erste-Hilfe-Ausbildung absolviert haben und diese alle 2 Jahre auffrischen?		☐	☐	☐	
6.3	Bei 2 bis zu 20 anwesenden Versicherten	ein Ersthelfer	☐	☐	☐	
	Bei mehr als 20 anwesenden Versicherten:					
	in Verwaltungs- und Handelsbetrieben	5 % der Belegschaft	☐	☐	☐	
	in sonstigen Betrieben	10 % der Belegschaft	☐	☐	☐	
Unternehmen						
6.4	Berücksichtigen Sie die Anzahl der externen Beschäftigten bei erforderlichen Ersthelfern mit?		☐	☐	☐	
6.5	Werden externe Ersthelfer in die Arbeitsschutz-vereinbarung aufgenommen?		☐	☐	☐	
Verleiher						
6.6	Stellen Sie sicher, dass der Entleiher eine ausreichende Zahl von Ersthelfern aufbringt!		☐	☐	☐	
6.7	Stellen Sie eine große Anzahl an externen Beschäftigten zur Verfügung, müssen Sie sich an der Anzahl von Ersthelfern beteiligen.		☐	☐	☐	
6.8	Werden externe Ersthelfer in die Arbeitsschutz-vereinbarung aufgenommen?		☐	☐	☐	

Nr.	Gefährdung Faktoren	Technische und organisatorische Maßnahmen des Einsatzbetriebs	Bewertung	Maßnahmen bis wann
1. Mechanische Gefährdungen				
1.1	Gefährdungen durch kontrolliert bewegte ungeschützte Teile		☐ ausreichend ☐ ausreichend mit PSA ☐ nicht ausreichend ☐ unklar (Sifa fragen)	
1.2	Gefährdungen durch Teile mit gefährlichen Oberflächen (Ecken, Kanten, Spitzen, Schneiden...)		☐ ausreichend ☐ ausreichend mit PSA ☐ nicht ausreichend ☐ unklar (Sifa fragen)	
1.3	Gefährdungen im Zusammenhang mit Transport und Verwenden mobiler Arbeitsmittel		☐ ausreichend ☐ ausreichend mit PSA ☐ nicht ausreichend ☐ unklar (Sifa fragen)	
1.4	Gefährdungen durch unkontrolliert bewegte Teile		☐ ausreichend ☐ ausreichend mit PSA ☐ nicht ausreichend ☐ unklar (Sifa fragen)	
1.5	Gefährdungen durch Sturz, durch Ausrutschen, Stolpern, Umknicken		☐ ausreichend ☐ ausreichend mit PSA ☐ nicht ausreichend ☐ unklar (Sifa fragen)	
1.6	Gefährdungen durch Absturz von Personen auf eine tiefer gelegene Fläche		☐ ausreichend ☐ ausreichend mit PSA ☐ nicht ausreichend ☐ unklar (Sifa fragen)	
2. Elektrische Gefährdungen				
2.1	Elektrischer Schlag		☐ ausreichend ☐ ausreichend mit PSA ☐ nicht ausreichend ☐ unklar (Sifa fragen)	
2.2	Lichtbögen		☐ ausreichend ☐ ausreichend mit PSA ☐ nicht ausreichend ☐ unklar (Sifa fragen)	
2.3	Elektrostatische Aufladung		☐ ausreichend ☐ ausreichend mit PSA ☐ nicht ausreichend ☐ unklar (Sifa fragen)	

Nr.	Gefährdung Faktoren	Technische und organisatorische Maßnahmen des Einsatzbetriebs	Bewertung	Maßnahmen bis wann
3. Gefahrstoffe				
3.1	Hautkontakt mit Gefahrstoffen (Feststoffe, Flüssigkeiten, Feuchtarbeit)		☐ ausreichend ☐ ausreichend mit PSA ☐ nicht ausreichend ☐ unklar (Sifa fragen)	
3.2	Einatmen von Gefahrstoffen (Gase, Dämpfe, Nebel, Stäube, Rauche)		☐ ausreichend ☐ ausreichend mit PSA ☐ nicht ausreichend ☐ unklar (Sifa fragen)	
3.3	Verschlucken von Gefahrstoffen		☐ ausreichend ☐ ausreichend mit PSA ☐ nicht ausreichend ☐ unklar (Sifa fragen)	
3.4	Physikalisch-chemische Gefährdungen (z. B. Brand, Explosion usw.)		☐ ausreichend ☐ ausreichend mit PSA ☐ nicht ausreichend ☐ unklar (Sifa fragen)	
4. Biologische Arbeitsstoffe				
4.1	Infektionsgefährdung durch pathogene Mikroorganismen (z. B. Bakterien, Viren)		☐ ausreichend ☐ ausreichend mit PSA ☐ nicht ausreichend ☐ unklar (Sifa fragen)	
4.2	Sensibilisierende und toxische Wirkungen von Mikroorganismen		☐ ausreichend ☐ ausreichend mit PSA ☐ nicht ausreichend ☐ unklar (Sifa fragen)	
5. Brand- und Explosionsgefährdungen				
5.1	Brennbare Feststoffe, Flüssigkeiten, Gase		☐ ausreichend ☐ ausreichend mit PSA ☐ nicht ausreichend ☐ unklar (Sifa fragen)	
5.2	Explosionsfähige Atmosphäre		☐ ausreichend ☐ ausreichend mit PSA ☐ nicht ausreichend ☐ unklar (Sifa fragen)	
5.3	Explosivstoffe		☐ ausreichend ☐ ausreichend mit PSA ☐ nicht ausreichend ☐ unklar (Sifa fragen)	

Nr.	Gefährdung Faktoren	Technische und organisatorische Maßnahmen des Einsatzbetriebs	Bewertung	Maßnahmen bis wann
6. Thermische Gefährdungen				
6.1	Heiße Medien/Oberflächen		☐ ausreichend ☐ ausreichend mit PSA ☐ nicht ausreichend ☐ unklar (Sifa fragen)	
6.2	Kalte Medien/Oberflächen		☐ ausreichend ☐ ausreichend mit PSA ☐ nicht ausreichend ☐ unklar (Sifa fragen)	
7. Gefährdungen durch spezielle physikalische Einwirkungen				
7.1	Lärm		☐ ausreichend ☐ ausreichend mit PSA ☐ nicht ausreichend ☐ unklar (Sifa fragen)	
7.2	Ultraschall, Infraschall		☐ ausreichend ☐ ausreichend mit PSA ☐ nicht ausreichend ☐ unklar (Sifa fragen)	
7.3	Ganzkörpervibrationen		☐ ausreichend ☐ ausreichend mit PSA ☐ nicht ausreichend ☐ unklar (Sifa fragen)	
7.4	Hand-Arm-Vibrationen		☐ ausreichend ☐ ausreichend mit PSA ☐ nicht ausreichend ☐ unklar (Sifa fragen)	
7.5	Nicht ionisierende Strahlung (z. B. Infrarot, UV, Laserstrahlung)		☐ ausreichend ☐ ausreichend mit PSA ☐ nicht ausreichend ☐ unklar (Sifa fragen)	
7.6	Ionisierende Strahlung (z. B. Röntgenstrahlung, radioaktive Strahlung)		☐ ausreichend ☐ ausreichend mit PSA ☐ nicht ausreichend ☐ unklar (Sifa fragen)	
7.7	Elektromagnetische Felder		☐ ausreichend ☐ ausreichend mit PSA ☐ nicht ausreichend ☐ unklar (Sifa fragen)	
7.8	Unter- oder Überdruck		☐ ausreichend ☐ ausreichend mit PSA ☐ nicht ausreichend ☐ unklar (Sifa fragen)	

Nr.	Gefährdung Faktoren	Technische und organisatorische Maßnahmen des Einsatzbetriebs	Bewertung	Maßnahmen bis wann
8. Gefährdungen durch Arbeitsumgebungsbedingungen				
8.1	Klima (z. B. Hitze, Kälte, unzureichende Lüftung)		☐ ausreichend ☐ ausreichend mit PSA ☐ nicht ausreichend ☐ unklar (Sifa fragen)	
8.2	Beleuchtung, Licht		☐ ausreichend ☐ ausreichend mit PSA ☐ nicht ausreichend ☐ unklar (Sifa fragen)	
8.3	Ersticken, Ertrinken		☐ ausreichend ☐ ausreichend mit PSA ☐ nicht ausreichend ☐ unklar (Sifa fragen)	
8.4	Unzureichende Flucht- und Verkehrswege, unzureichende Sicherheits- und Gesundheitsschutz-kennzeichnung		☐ ausreichend ☐ ausreichend mit PSA ☐ nicht ausreichend ☐ unklar (Sifa fragen)	
8.5	Unzureichende Bewegungsfläche am Arbeitsplatz, ungünstige Arbeitsplatzanordnung, unzureichende Pausen-, Sanitärräume		☐ ausreichend ☐ ausreichend mit PSA ☐ nicht ausreichend ☐ unklar (Sifa fragen)	
9. Physische Belastungen/Arbeitsschwere				
9.1	Schwere dynamische Arbeit (z. B. manuelle Handhabung von Lasten)		☐ ausreichend ☐ ausreichend mit PSA ☐ nicht ausreichend ☐ unklar (Sifa fragen)	
9.2	Einseitige dynamische Arbeit, Körperbewegung (z. B. häufig wiederholte Bewegungen)		☐ ausreichend ☐ ausreichend mit PSA ☐ nicht ausreichend ☐ unklar (Sifa fragen)	
9.3	Haltungsarbeit (Zwangshaltung), Haltearbeit		☐ ausreichend ☐ ausreichend mit PSA ☐ nicht ausreichend ☐ unklar (Sifa fragen)	
9.4	Kombination aus statischer und dynamischer Arbeit		☐ ausreichend ☐ ausreichend mit PSA ☐ nicht ausreichend ☐ unklar (Sifa fragen)	

Nr.	Gefährdung Faktoren	Technische und organisatorische Maßnahmen des Einsatzbetriebs	Bewertung	Maßnahmen bis wann
10. Psychische Faktoren				
10.1	Ungenügend gestaltete Arbeitsaufgabe (z. B. überwiegende Routineaufgaben, Über- und Unterqualifikation)		☐ ausreichend ☐ ausreichend mit PSA ☐ nicht ausreichend ☐ unklar (Sifa fragen)	
10.2	Ungenügend gestaltete Arbeitsorganisation (z. B. Arbeiten unter hohem Zeitdruck, wechselnde und/oder lange Arbeitszeiten, häufige Nachtarbeit)		☐ ausreichend ☐ ausreichend mit PSA ☐ nicht ausreichend ☐ unklar (Sifa fragen)	
10.3	Ungenügend gestaltete soziale Bedingungen (z. B. fehlende soziale Kontakte, ungünstiges Führungsverhalten, Konflikte)		☐ ausreichend ☐ ausreichend mit PSA ☐ nicht ausreichend ☐ unklar (Sifa fragen)	
10.4	Ungenügend gestaltete Arbeits- und Arbeitsumgebungsbedingungen (z. B. Lärm, Klima, räumliche Enge, unzureichende Softwaregestaltung)		☐ ausreichend ☐ ausreichend mit PSA ☐ nicht ausreichend ☐ unklar (Sifa fragen)	
11. Sonstige Gefährdungen				
11.1	Durch Menschen (z. B. Überfall)		☐ ausreichend ☐ ausreichend mit PSA ☐ nicht ausreichend ☐ unklar (Sifa fragen)	
11.2	Durch Tiere (z. B. gebissen werden)		☐ ausreichend ☐ ausreichend mit PSA ☐ nicht ausreichend ☐ unklar (Sifa fragen)	
11.3	Durch Pflanzen und pflanzliche Produkte		☐ ausreichend ☐ ausreichend mit PSA ☐ nicht ausreichend ☐ unklar (Sifa fragen)	

Datum, Unterschrift des Prüfers: ____________________